商周出版

最詳盡IFRSs合併報表選股密技

圖解新制財報
選好股《暢銷增訂版》

誠鈺會計師事務所主持會計師
羅澤鈺 著

目錄

第1章　為何要懂IFRSs？

第2章　1+1=2？IFRSs主角登場

第5章　好股、壞股5分鐘精準揪出

將後照鏡變成照妖鏡的會計天王

張智超

我自首,「作股票只看財報,就好像開車只看後照鏡一樣危險」這句話是我說的,這句話不是在否定財報,而是指財報外的經營模式,才是我認為公司是否能長期穩健獲利的關鍵;如同本書的作者常說,財報如果是假的或是被操控的,那麼所有的財務比率都沒有意義。我會認識作者,是因為有次在網路上看到一門「財報致富絕學班」,課程名稱極為吸引我,因為自己從事金融交易工作已數十載,每天研究上市櫃公司,外加念財務出身,本來對財報就有一定程度的理解,竟有人還自稱為「絕學」,不去會會怎行!

本是抱著踢館的心情去聽聽,沒想到一聽之下,驚為天人,澤鈺兄本身豐富的學養,配合完整的經歷,任何公司派操控盈餘的手法都逃不過他的法眼。聽完以後,真的覺得自己中級會計學

的任督二脈已徹底被打通，實有醍醐灌頂之感。這才了解，有當過查帳員的會計師對財報的了解，遠比我們一般人了解更深入。踢館不成，甘拜下風，當然也就此與澤鈺兄結下不解之緣。

　　這是一本我會要求我部門同仁必讀的好書，只有實際查帳與投資經驗的會計師，能夠輕易破解美化後的財報，很高興我的好友兼老師羅澤鈺願將財報分析的祕訣寫成一本書，而我可以這樣說，「羅澤鈺把財報分析由投資後照鏡，變成了照妖鏡。」

　　「會計」一直被學生稱為「快快忘記」，設課與出書的老師很多，但能將之講解透徹相當不易，而能將其應用地淋漓盡致之人，更是寥寥可數，2013年起，台灣開始採行IFRSs制度，對於資本市場有著深遠的影響，企業財報表達方式不同，股票評價自然受到影響。原來的GAAP（一般公認會計原則）因強調財務報告的可靠性及保守穩健原則，歷史成本為最常見的衡量基礎，但IFRSs強調的卻是資訊的攸關性，著重於公允價值。雖然新制立意甚好，但在投資實務上，投資人還有許多需要學習的地方，且因IFRSs認定基準與舊制存有不少差異，靠財報選股的思惟也必須隨著改變。市面上很多相關書籍介紹會計以及IFRSs，但要如何應用，進一步與實務面接軌，卻鮮少提及，往往令讀者有隔靴搔癢之憾。而本書《圖解新制財報選好股》提供讀者一個優質的選擇，內容深入淺出，其中新規定新衝擊一章中，提到轉投資、

金融資產衡量以及營建業對於營業收入的認列這幾項重點，尤其精采，讓我對於IFRSs所帶來的影響有了更深的認識，對於挑選財報績優公司也更有方向。

在閱讀完整本書後，我的內心既興奮又感佩：興奮的是，面對IFRSs的新挑戰，還好有本書的出版；感佩的是，澤鈺兄能在每日繁忙的工作之餘，不藏私地向大家分享如此精闢之見解。我誠摯地向投資朋友推薦，相信無論是股市老將或投資新手，必定都能有豐富的收穫。

（本文作者為富邦證券自營部副總經理）

推薦序

讓台灣資本市場更具競爭力的
新制財報規則

周建宏

　　財務資訊是資本市場運作最重要的基礎之一，因此過去世界主要的資本市場所在國家都各自發展了一套會計準則，做為規範其國內公司編製財務報表的標準。然而隨著企業國際化日益加深，全球需要一套高品質之會計準則以促進財務報表之可比較性的呼聲也愈來愈高，國際財務報導準則（IFRSs）因應而生。IFRSs是國際會計準則委員會所制定的原則式（principle-based）之會計準則，僅規範經濟實質的會計處理原則，提供各國企業均可遵循之架構，目前幾乎已被全世界主要的資本市場所接受，可說是全球共通的會計語言，對於所有的資本市場參與者，不論是發行公司、投資人、會計師、監理機關或其他需要使用財務報表的人，讀懂IFRSs都是一個必備的條件。

　　與過去的會計準則相比，IFRSs 有幾項重大的改變，對提升財務報表品質有所助益。一、IFRSs 是以合併為編製基礎，所有集團內的交易都會反映在合併報表內，因此資訊較為完整及透明。雖然過去上市櫃公司也有編製合併報表，但因其並非主要報表，因此許多財務報表使用者仍習慣看母公司個別報表，採用 IFRSs 後，應會逐漸改為以合併報表為主，對於集團財務狀況及營運績效的掌握度將提高。二、IFRSs 是原則式的會計準則，較少條文式的規定，如適當運用，應該較能反映經濟實質，並呈現公司管理當局的意圖。三、IFRSs 使用更多公允價值做為入帳的基礎，與過去多以歷史成本為基礎的會計準則相比，更貼近市場的需求。四、IFRSs 揭露的資訊較以往更豐富，且包含更多提高對公司會計政策及風險管理原則了解程度的有用資訊。

　　然而，採用 IFRSs 也有其實務上的問題，例如原則式的會計準則，以及 IFRSs 所允許的不同會計選擇，可能產生同樣的交易，在不同公司有不一致的處理方式，雖然財務報表附註應該會揭露其不同的編製基礎，但未必每一個報表使用者都會仔細閱讀附註揭露，也不一定熟悉其表達的意涵，因此可能降低不同公司間財務報表的可比較性。又例如當公允價值的來源並非公開市場價格，而係模型計算得出，其可靠性是可能需要打折的，對於非專業的投資人，可能未必理解其中的複雜性。儘管有這些實務上

的問題，個人認為IFRSs的採用，仍是瑕不掩瑜。

　　不論如何，了解IFRSs所帶來的財報資訊上的變化是非常重要的，因為它提供了更多對公司與市場價值更深入的資訊，身為專業的會計師，個人對於IFRSs適用後上市櫃公司整體財務資訊品質的逐步提升充滿了期待，也期許台灣資本市場因IFRSs的採用而更具國際競爭力。

　　　　　　（本文作者為資誠聯合會計師事務所審計部營運長）

看穿財報背後的真相

朱紀中

從未接觸過羅會計師，不過，收到這位既懂保險、據說又是股票投資老手所寫的新書後，看到他在自序中提及，撰寫這本新書的緣起之一，是他父親曾投資一檔已經「屍骨無存」的上市主機板股──「陞技」，並為此大虧逾千萬元。看到這檔股票的名字，頓時勾起我的回憶。

那是2005年的一個重要採訪！我和同事一起挖掘「陞技」財報造假、老闆挪用公司資產的內幕。當時，證交所主管拿著資料告訴我們，這家電子公司報表做的很漂亮，可是，營收都是在「造假」！更讓我震驚的是，他們營收造假的本事居然如此之高！

因為不過一年多前，這家公司老闆還在我面前開口閉口談公司治理，而且非常自豪地告訴全市場投資人，他把自己

在EMBA上課時的名師請到公司擔任董監事，要讓這些老師來「管」他、「約束」他，以期能讓公司財務盡量透明。沒想到，一年不到，證交所就翻出資料來證實，這位證券營業員出身的科技大亨根本是在演戲，他大量設立境內外轉投資公司，再讓公司與這些轉投資公司密集往來，短短4個月就把29億元現金，從公司帳上搬到海外轉投資公司手上。最後，證交所還是向海關查證陞技相關轉投資公司所有的進出口數字，才發現那些看似成長的「業績」，全是「做」出來的。

當我們以「搬錢」來形容陞技公司的行為，文章一刊出，對方馬上提告，甚至還在專業報紙上刊登廣告修理我們，這場官司一路打到三審，費時近兩年，最後在檢調搜索公司、老闆被以掏空公司罪名起訴後，我和同事終於三審全部都勝訴，證明我們揭露的訊息是事實，絕非杜撰。而陞技公司最後不但公司股票下市，僅有的大樓資產迅速賣掉，連公司的主機板業務都轉手賣光，公司真的是賣到「屍骨無存」。

羅會計師說，如果早有IFRSs制度，或許陞技這樣的公司就會提早現形，他的父親或是他，就能提早看穿報表背後的真相。這個因為上一代繳出上千萬元學費帶出來的故事，讓羅會計師認真地研究報表，比較不同公司的財報，進而能以淺白的文字加上清楚的圖表，把報表可能傳達的各種訊息分析給投資人了解，對

股市投資人來說，完成此書應該是件功德。期待透過此書，可以
讓更多投資人看穿財報背後的真相，進而趨吉避凶，賺到財富。

（本文作者為《Smart智富》月刊總編輯）

推薦序

第一本為投資人而寫的 IFRSs 介紹書籍

鄭凱元

　　從今年5月上市公司公告第1季季報到現在，算算 IFRSs 上路到現在已經超過半年。但問問有投資股市的眾多朋友：IFRSs 對你帶來什麼影響？大部分的人仍然說不出所以然來，甚至不少人聽都沒聽過 IFRSs。難道 IFRSs 是財會專家才需關心的事，一般股市投資大眾無需了解？

　　當然不是，IFRSs 新制對投資人在分析公司資訊有重大影響。簡單舉出幾個改變：

　　過去投資人檢視財務資訊時，習慣以母公司財報為主，合併報表為輔。但如今 IFRSs 新制改以合併報表為主體，且不再公布母公司季報。投資人該如何透過合併報表，了解母子公司營運狀況呢？IFRSs 新制下，企業對於金融資產歸類認定的裁決權

變大，投資人該如何了解這其中潛在的操作風險？還有過去許多GAAP下報表會揭露的數字，例如匯兌損益、利息收入支出細項，在IFRSs報表中不再出現，而是挪到附註當中揭露，這意味著IFRSs施行下，附註的重要性大增，投資人該如何從密密麻麻的附註中找出重點？

由以上舉出幾點，足以顯示IFRSs轉換對投資大眾影響重大，可惜坊間許多IFRSs相關書籍和研討會，都是為業內專業人士準備，對於一般人士顯得太過艱澀而不易理解，無怪乎大眾投資人對於IFRSs新制一知半解。但直到看過羅會計師的這本《圖解新制財報選好股》，我可以開心地告訴投資朋友們：第一本為你們而寫的IFRSs介紹書籍，終於出現了！

本書沒有太多財會的艱澀名詞和冷硬公式，取而代之的是親民的文字敘述和圖示，非常容易閱讀；對於舊制GAAP和新制IFRSs的差異，羅會計師並非像教科書般條列式一一介紹，而是貼心地挑出對一般大眾影響最為重大的部分做加強敘述，讀者只要仔細看完2、3章文章內容，就能對合併報表和重大附註的解讀、金融資產分類、收入認列原則變動……等IFRSs重大規範，有快速的理解。更棒的是，書中附有許多台灣上市櫃公司案例探討，除了讓讀者更能體會IFRSs對財報的影響，更讓本書對於投資參考實用性大幅增加。

　　如果你正在尋找的不是教科書，而是一本從投資人角度看待
IFRSs的實用解析，這本書無疑是目前最好的選擇，值得推薦給
你。

　　　　　　　　　　（本文作者為財報狗網站創辦人）

推薦序

帶領投資人快速進入IFRSs的財報世界

王奕辰（王衡）

　　你想退休時穩定領百萬股利來養老，或想買在股票起漲點，賣在股價轉折點，除了技術分析、專業知識判斷外，就一定要懂得超完美財報投資法。在台灣的股票投資人，大都以技術分析為股票短線進出的參考，但是若要觀察標的長期趨勢的改變，則必須懂得運用財報資訊的分析。

　　舉例來說，當年股市三千金（TPK、大立光和宏達電），股價自高點下跌時，投資人不難從公司財報資料來預測長期基本面的變化。事實上，除了大立光持續維持營收成長並且高毛利的優勢，仔細分析其他兩家的財報資訊，二千金的價格恐怕可能是回不去了。此外，去年底由於實施IFRSs新制，營建類股股價大漲一波，是因為會計制度由完工比例法變成完工交屋時認列收入的

原因，並非實質的利多支持。而今年儒鴻及美利達等傳產類股營收及股價持續創新高，投資人都可以運用財報的專業分析掌握股價的起漲點，並觀察其營收的改變，在業績處於轉折點之時，淡定停利出場。

　　本書作者羅會計師不僅是市場上著名的專業會計師、分析師等資格考試的授課講師，還同時兼有會計師、證券分析師、理財規劃師資格，專業背景冠於其他同類書作者。本書內容不同以往財報書籍深澀難懂，改以淺顯的個案實例讓散戶快速了解四大報表，進而掌握投資的先機，並且避開誤觸地雷股的風險。書中也提到企業管理階層如何利用會計項目，例如存貨、營收、母子公司交易來美化帳面。在實行 IFRSs 新制後，教導投資人如何洞悉企業合併報表的獲利能力、經營效率、償債能力、財務結構、現金流量分析的眉角，我相信，此書定能帶領投資人快速進入 IFRSs 的財報世界。

　　大部分人對會計財報都是相當頭痛，其實，每個人都有自己的專屬財務報表，除了努力工作，累積固定資產來優化資產負債表，並藉由投資理財來提升現金流量表的穩定度，也要同時努力經營美滿的家庭，讓人生的損益表績效年年成長。然而，除了追求物質及數字的成長外，行有餘力，如能行善助人，相信更能有助於你專屬的家族企業永續經營和成長。最後，除了感到榮幸能

推薦此書外，特藉此機會再次感謝羅老師的教導，讓從未念過會計學的我，能在最短的時間順利通過證券分析師的會計考試科目，真的是不簡單的老師！相信讀者也能在閱讀此書後，於股海中掌握先機，趁勝追擊！

（本文作者為金融研訓院客座講師、權證投資類書作家）

推薦序

學好財報分析，
基本面選股能力大提升

劉作時

　　認識澤鈺剛好十年，這十年間，我服務的公司有幸跟澤鈺合作開設了證券分析師、CFA（特許財務分析師），以及CFP（認證理財規劃顧問）的輔考課程。澤鈺的教學品質有目共睹，許多學員都將他列為本公司最受歡迎的講師。澤鈺今年把他多年上課的心得，加上他自己對高會及財報分析的功力，寫成這樣一本從國際財務報導準則（IFRSs）切入財報分析的簡單工具書。投資大眾可能之前無緣看到他上課的風采，但教室外的我們，現在有福能一睹他的最新力作──《圖解新制財報選好股》。

　　IFRSs既然是國際財務報導準則，2013年台灣的上市櫃公司開始使用後，其報表就可以和其他國家公司的財報做比較，增加國際投資人對台灣公司財報的理解，台灣的一般投資人及財報使

用者也可以藉此機會，一覽IFRSs實行後的新制財務報表及其背後的邏輯。本書用極為簡單明瞭的圖表介紹新制財報及選股方法，一般投資人，甚至於沒有學過會計的人，都能夠在本書的帶領下，了解IFRSs上路後受影響最大的個別公司或產業別。

例如本書提及2013年IFRSs上路後，上市櫃營建公司建屋要在全部完工、出售交屋時，才能認列其營收及成本，如此一來，營建公司的營收及獲利波動度將大幅增加。我聯想到的是，由於會計制度的改變，營建公司為了製造更平穩的營收獲利數字，更會在推案上自我調整及節制，這樣的改變也可能使得營建公司高層，更加注重台灣房地產景氣的變化，而偶然地讓IFRSs間接降低營建公司的風險。各位讀者在接觸本書時，一定可以有更多類似的延伸思考，我想這也是澤鈺出這本書的旨趣之一！

本書更介紹了新制財報中的一些重要會計項目，例如經常交易的金融資產和備供出售的金融資產，對公司每期綜合損益表以及權益變動表的影響。澤鈺告訴我們：公司高層如果將購買其他上市公司的股票之未實現損失，放在備供出售的金融資產，短期可能不會影響其EPS，但卻會呈現在其他的會計項目中。澤鈺提醒投資人，要多翻閱公司財報的其他欄位及附註，並在檢視的過程中，了解公司提供資訊的透明度。本書也介紹了IFRSs在綜合損益表中的新項目，如其他綜合損益（OCI）及本期綜合損益

總額（CI），讓投資人下次有機會看到公司財報時，不再茫然陌生。澤鈺在書中也提醒投資人不僅要看公司的綜合損益表，更要重視公司的現金流量表，因為現金流量表比較不易被公司高層操弄。

有此一說：財務報表如同開車時的後視鏡，但投資是看前方，不是看過去發生的事。然而，藉著本書提供的財報選股觀念，讀者和新制國際財務報導準則有了全新的對話空間，這樣會大大增強投資人的基本面選股能力。因此，我倒覺得學好財報分析，更像是我們開車上路前能及時收聽警廣，了解即時路況，讓我們避開會塞車的路段（避免投資在財務體質不佳或不透明的公司）。讀者可以細細地閱讀本書，並藉著書中舉出的例子，類推適用來檢視自己投資的上市櫃公司，增加自己對公司體質及價值的通盤了解。

有了這本書，財報分析變得更平易近人，而讀者在使用本書後，投資之路也會增加不少「被動安全」。因此，我誠摯推薦您將這本書收藏下來。

（本文作者為金證照公司總經理）

自序

讓你在台股迷宮中，
快速到達理想的投資應許之地

　　在經過數年的宣導期及階段性的試行後，即使眾人再怎麼怯於面對，還是迎來了 2013 年 5 月 15 日——2013 年第 1 季 IFRSs 財務報表最後資訊公開日，將台股市場推向 IFRSs 新紀元。

　　以往，一般民眾或投資人對於企業的財務報表，只懂得使用在地母公司的觀點進行檢閱，容易忽略掉許多攸關企業經營良窳的重要關鍵。如今，IFRSs 新制讓企業的財務報表都必須以「合併概念」呈現，也就要求企業轉投資的子孫公司們，都必須適度地併入財務報表，讓整個集團的資訊更加透明，避免投資人因為「漏看」資訊，做錯投資決策而在詭譎的股海受創，甚至滅頂。當然，對於一般投資人而言，要了解 IFRSs 新制下的「合併報表」，一開始必然有點辛苦，但弄懂它，絕對是百利而無一害的好事。

　　有過筆耕經驗者皆知，筆耕的過程是一個不斷自我爬梳和省思的大考驗。因此，撰寫此書時，不免憶起往事。1996年盛夏，踏進台灣大學管理學院會計研究所的我，在各種商管課程中，逐漸對資本市場產生興趣與好奇，進而鼓吹父親投資。之後，父親在1997年亞洲金融風暴時危機入市，因大膽且沈穩地投資新馬泰相關基金，得以大賺數倍出場。接著幾年的投資成績，亦是大賺小賠，頗有無往不利之勢。時至21世紀，2003上半年台灣蔓延前所未見的SARS，台股跌至4,000多點，更操作中鋼、台灣大、光寶科多檔個股，疫情過後股市回穩，成功獲利達8位數之多。只是，在投資的道路上，當一切看起來是順風駛帆之時，往往便是風險的開始……。

　　2005年開始布局投資的陞技，因為「當年」現金股利殖利率高，吸引了父親投資。當時陞技帳上的長期投資高達91億元，轉投資家數達40家；子公司以應收帳款投資2家孫公司後，在短短半年內即出現高達32億元商譽。這些「異狀」，在沒有以「合併概念」檢視財務報表的時代，幾乎不會被察覺。於是，這些披著羊皮的狼群，就騙過了主管機關、簽證會計師、學界及所有的投資大眾。說來慚愧，那時有大型會計師事務所查核經驗的我，在陞技出事的新聞上報後，自己的小部位認賠1成出場，卻無力說服父親認賠拿回8至9成的本金，直到股票一路下探，終

究淪為壁紙。

這一役，價值高達8位數，大家不難想像當時我父親承受的壓力有多重。而這堂昂貴無比的課，也證明了市場上真的沒有「專家」，只有「贏家」與「輸家」。當時的我們，只靠掌握基本面就可以獲利8位數，但最終「克服人性」、「嚴守紀律」才是股市中各種門派最後要修習的課程。更重要的是，如果當時市場上已經成熟到懂得強調「合併報表」的重要性，或許這段歷史可以改寫。而這也是我之所以會在台股市場跨入IFRSs新制，眾人對「合併報表」概念仍然一知半解，甚至誤解連連的此時，提筆撰寫此書的起源。除了希望不再有投資人與我們當年一樣，因為不懂得藏在合併報表裡的機關竅門，而誤判投資情勢；亦期待將自己多年來陸續在證券分析師、CFA、一般投資大眾的財報分析教學過程中，有機會與更多同好切磋財報分析，並得以將台股投資的各種面貌，與會計學理及實務充份融合，有效提升財報使用價值的各種心得，與大家分享。

雖然在投資實務上，股價會領先財務報表成績3至6個月，因此就有人認為「財務報表是後照鏡」，不如股價漲跌或成交量的資訊來得及時。可是，價量資訊充其量只能看到車前的短程風景，無法判別在更遠的前方道路是否有斷橋絕壁，而有後照鏡功能的財務報表，才能讓大家安全地達到財務自由的目的地。如同

十年磨一劍的轉機公司、長期績優生（ROE、現金殖利率高）營運轉型、營收再成長時，投資人若能藉由財務報表掌握底部進場，風險不大，並能享受數倍獲利。而對於愛走法規偏鋒、品性不佳的劣質公司，財務報表更可直接「進化」成照妖鏡，帶給投資人趨吉避凶的法門。

IFRSs的導入與實施，已在產官學界、會計師事務所前輩高手們的努力之下，順利接軌。IFRSs博大精深的理論架構，若非上市櫃公司之會計從業人員或簽證會計師，絕非三天二夜可以學完。但是為了增加財富看緊荷包，一般民眾或投資人也不能因此選擇與IFRSs自動絕緣。

為了讓一般投資大眾、銀行徵授信人員與在校學生快速上手，了解IFRSs新制下的財務報表，與舊制有何不同？股市名嘴及媒體財經專家說不清楚的「專業判斷」空間是什麼？它對投資人進行投資決策有哪些實質幫助？本書捨棄坊間會計學用書慣用的、較為複雜的專業會計項目與公式，改用各種台股企業實例及故事筆法，先幫讀者輕鬆地建立起閱讀四大財務報表的基本功（如第2章）；接著，帶大家一起探索IFRSs新制對台股的衝擊及在投資台股上的運用（如第3章、第4章）；最後，再透過完整的台股案例操作及說明，學會如何用財務報表偵測地雷股和一次貫通IFRSs新制的精華（如第5章）。在實例及故事的取材上，

本書儘量以 2013 年採用 IFRSs 新制後的財報為主,但因實施時間尚短,為了呈現更多投資上值得留意的題材,亦難免採用舊制的合併報表。

最後,謹以本書獻給已於 2010 年逝世的父親,以及關心我的親人好友,並期望所有讀者能透過此書對 IFRSs 新制的解析,在台股迷宮中,快速到達理想的投資應許之地。

改版序
看懂財報關鍵數字，
讓投資功力更上層樓

　　寫書與成為作者這件事情，實在是一個人生中的意外插曲，而這個隨機的意外，也讓我認識了更多對於財報知識或是基本面分析有需求的讀者。與更多非專業領域的讀者們互動後，才知道原來有那麼多投資人對於財務分析有興趣，卻一直苦無更進一步學習的管道；有著多年專業法人與高階金融證照授課經歷的我，於是樂於將這些教學經驗與內容，分享給那些有興趣自我深造的讀者或是學生，使得他們能有所裨益。我了解到自己在社會上多了一份責任，並且應該提供這個社會正面的力量；個人的所學所知對他人能有所幫助，真的是一件萬分榮幸的事情。

　　承蒙財經書籍市場與讀者們的廣大回響，本書第一版廣獲各界指教，繼而有此改版的誕生。第一版撰寫之時，台灣才剛導入IFRSs，有些公報內容已經落實，有些公報要等一、兩年才

實施。相較於過去GAAP不同的財報新樣貌,於第一版時尚無緣跟各位讀者見面,因此,此次改版增加了104年新版的綜合損益表範例(其他綜合損益區分為二大類)。此外,投資性不動產後續評價採用「公允價值模式」,於103年1月1日已經實施,對於財務報表上有投資性不動產的各產業,未來影響將十分重大,本書也挑選具有代表性的範例在書中討論。除了正冊的修改,此次也加贈了更為實務面的別冊,我在別冊中分享自己選股的六大指標,並且以選股軟體選出37檔值得繼續追蹤的好股。

IFRSs導入兩年後,台灣股票市場也逐漸出現了質變,104年4月台股創下十年來難得一見的萬點行情——10014點,小股民應該欣喜若狂才是,好的股票如台積電、大立光,持續創下高點,但是沒有基本面的公司股價卻一家一家創新低。投資人如果不看財報,只跟隨報章媒體玩玩短線行情,到底這樣能夠賺到多少利潤呢?我實在是很懷疑。

平心而論,我認為這兩年雖然導入了IFRSs,到目前為止,真正由於新的IFRSs而大幅影響股價的公司家數仍然不多。但是市場多數人的投資心態與投資方法已經愈來愈精明了,這表示如果你還要在市場裡面撈油水賺點小錢,不多下點功夫研究基本面,對你的個人理財會產生很大的致命傷。

　　財務分析先天上較技術分析、籌碼分析複雜，往往容易讓投資人望之怯步；但是，如果投資人親身體驗到整合運用的益處，相信對於財務分析也一定會愛不釋手。身為財務分析界的一分子，我會在財務分析這個領域，持續將自己的經驗與知識分享給更多人，讓大家接觸財務分析時更能輕鬆上手，並將基本面分析的這個派別在台灣發揚光大。

　　謹以此文與讀者們共勉之。

Chapter

1

為何要懂IFRSs？

　　就算你不是會計專家，但只要你是稍微留意台股市場的投資人，在過去一年裡，一定很常聽到「IFRSs」這個詞彙。有時會發現，和它連在一起的消息，看起來都像是利多；但更多時候又會覺得，它總是和企業虧損的消息擺在一起。可是，IFRSs到底是什麼？恐怕有60%以上的台股投資人，已經很努力地盯著報紙上相關新聞細看、認真地聽著理財節目裡的專家解說，卻還是有看沒有懂。再不然就是「看得懂的就看，看不懂的就自動忽略」。

　　什麼是IFRSs？它正式的名稱是「國際財務報導準則（IFRSs, International Financial Reporting Standards）」，是一套國際間廣泛通用的會計準則，與台灣過往在會計上採用的「一般公認會計原則（GAAP）」，有著不同的思維模式。因此，在計算基礎不同的情況下，台灣的上市櫃企業及一般公司的財務報表中所呈現的資訊或企業價值，難以被國際投資人理解及比較，也就不利與國際接軌。所以，政府在考量全球化發展趨勢，以及提升台灣資本市場的國際競爭力，並吸引外資投資國內資本市場、降低國內企業赴海外籌資的成本……等多重考量下，於2009年5月宣布台灣將採用IFRSs。而且，自2013年起，台灣上市櫃公司、興櫃企業及金管會主管的金融業，都必須採用IFRSs，屬於第一階段採用類別；而第二階段則是在2015年，納入非上市櫃

的公開發行公司、信合社和信用卡公司。

　　歷史演進的故事說到這，看似未完，但對台股投資人及一般民眾而言，夠了！大家只要記得，從2013年1月1日起，大至舉世聞名、資本額2,592.82億元的台積電（2330），小至上市櫃市場的文創新星——誠品生活（2926，資本額4.51億元），財務報表的計算及編製，都自此開始改變。而且，這個包括會計科目*大搬風在內的變革，很可能會直接衝擊企業的營收獲利，不由得你不重視。

非懂不可原因1：報表長相不一樣

　　教了這麼久的財報分析，我必須承認，就會計學的角度來看「IFRSs」，它的確不是那麼好懂的新制度。尤其它所更動的每項規定，都牽涉到許多深淺不一的會計學理及概念，就好像是著名的俄羅斯娃娃般，被一層又一層地套著，如果沒有把一個個娃娃打開來，就看不到裡頭究竟是什麼。但我也不認為，大家可以因為它難，就對它敬而遠之。

---

* 會計科目：在IFRSs下，改稱為會計項目，後文將統一以會計項目稱之。

　　先來個簡單的前菜說說，當你攤開今年第1季的上市櫃企業財報後，會發現「咦？報表的名稱和長相，怎麼不太一樣？」以前不是都稱為某某公司的資產負債表、損益表，現在怎麼都叫「合併」資產負債表、「合併」綜合損益表？而且有些會計項目名稱怎麼也變了？原來的項目去哪裡了？（各報表的合併概念詳細說明，請見第2章。）

　　是的，在IFRSs新制規定下，所有的財務報表都需採「合併」概念呈現，也就是新制的財務報表，不只有母公司的經營現況，還得把底下子子孫孫的企業狀態，併入報表中。

　　乍聽之下，可能有些投資人覺得「合併」報表真不錯，可以「one stop shopping」，一次就了解母公司和子公司的經營績效。但問題是有些上市櫃企業太擅長繁衍子孫，不懂IFRSs新制的投資人分得清哪些是青出於藍的好子孫，哪些是不事生產的敗家子嗎？

　　再者，由於持股比例的不同，有些子孫公司的資料全數併入，有些只是部分併入，也讓企業的合併報表比舊制的母公司個體報表更加深奧難解。許多被合併概念弄得頭昏腦脹的券商及投顧研究員、分析師都大嘆，在財務報表合併之後，他們都「抓不出企業獲利引擎」在哪了！

非懂不可原因2：獲利有無差很大

上完前菜，接著為大家送上IFRSs新制的主菜，也就是上市櫃企業為因應IFRSs新制所必須做的大幅度帳務調整，包括企業轉投資的股權處理、金融工具衡量方式的改變、資產重估、營建業營收改以完工交屋時認列、百貨業營收改採淨額法認列、顧客忠誠計畫……等（新制報表衝擊企業及產業的詳細說明，請見第3章）。

不過，光看這些死板板的會計專有名詞，投資人可能會「很無感」。那麼，不妨看看台灣上市櫃企業採用IFRSs新制後，對營收產生的影響數，相信大家就會開始「很有感」了。

從圖1-1可知，在同樣的營收數字，當企業「什麼都沒做」，只是把記帳方式由GAAP舊制轉換到IFRSs新制後，產業的營收竟產生不同變化。像百貨業營收認列由總額法轉變為淨額法，2012年第1季的營收就減少了22.64%（約279億元），而營建業則因為營收認列由原本的完工比例法，轉變為完工交屋時認列，使2012年第1季的營收就平白消失了14.04%（約95億元），影響實在不小。

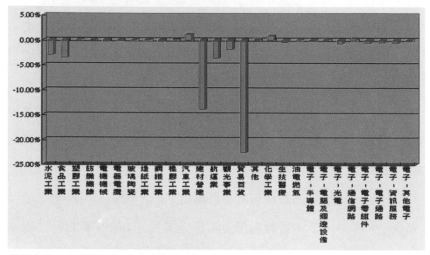

圖1-1　上市櫃企業採IFRSs新制後，2012年第1季的營收影響

資料來源：公開資訊觀測站（羅澤鈺整理）

　　若再看個別企業採用IFRSs新制後的影響，就會更令人驚訝
（見表1-1）。以航運業的益航（2601）為例，採用IFRSs新制計
算後，2012年第1季的營收就從舊制的79.18億元，銳減為20.73
億元，減少幅度達73.81%。而若同樣以IFRSs方式來評估，2013
年第1季的新制營收為20.63億元，則會發現兩者差異並不大。
且仔細分析財報相關說明後，就會明白這近60億元營收，只是
因為益航在中國大陸有許多轉投資的百貨業，而百貨業自2013
年起，營收必須採淨額法認列所致。同樣地，遠百（2903）的營

表1-1 2013年第1季，企業採 IFRSs 新制後的營收影響

單位：千元

企業	2013 Q1 IFRSs	2012 Q1 IFRSs	2012 Q1 GAAP	IFRSs YOY (%)	影響數 (%)
益航（2601）	2,063,106	2,073,341	7,917,883	–0.49	–73.81
遠百（2903）	11,497,214	11,675,135	30,447,134	–1.52	–61.65
日勝生（2547）	449,618	380,295	910,138	18.23	–58.22
	①	②	③	$\frac{①}{②}-1$	$\frac{②}{③}-1$

資料來源：公開資訊觀測站各家公司合併財務報表

收影響數會出現–61.65%的情況，也是受到總額法轉變成淨額法的影響。

此外，近幾年營收獲利表現不俗，頗受投資人青睞的日勝生（2547），受到營收必須在完工交屋時才能認列的衝擊，使2012年第1季的營收影響數達–58.22%的情況，也是未來營建業在台股市場中，必須共同面臨的挑戰。

像這三家企業營收憑空蒸發的情況，在IFRSs新制下的台股市場裡，所在多有。然而，若投資人不知這種情況是因為會計原則變更而造成，可能會以為益航、遠百和日勝生是否做了什麼違

法或經營不當的大事，才讓企業營收大幅下降。手上有持股者，要是不明就裡地拋售，最後待市場弄清楚 IFRSs 新制的眉角，股價在基本面的支撐下而回升時，投資人必然會「搥心肝」。

非懂不可原因 3：權變空間易藏垢

如果，上述的龐大數字衝擊，還不能讓人下定決心要弄懂 IFRSs 新制，投資人不妨回憶近幾年的「地雷股」事件，特別是與「四大慘業」相關或有交叉持股的企業。它們在地雷引爆前，除了本業經營困難之外，在金融資產投資上（持有轉投資企業股份 20% 以下者），也頻頻觸礁，但投資人卻無法及時察覺，主要原因就在於企業管理階層不將這些金融資產放在經常性交易，而是列在備供出售項下，成功地讓虧損隱藏在會計原則之後（新制權變規定帶來的影響，詳見第 3、5 章）。

以新光金（2888）為例，根據媒體報導，它在 2011 年第 2 季持有約六千張的宏達電（2498），平均成本在 1,100 元，原以為會是場成功的趨勢投資，沒想到宏達電在產品競爭力下滑及轉投資企業拖累下，股價一路下探至如今的 200 元以下。這時，若管理階層將投資宏達電列於經常性交易項下，新光金就必須認列投資虧損。試想，在每張股票損失 90 萬元的情況，損益表及 EPS

（每股盈餘）勢必重傷（新光金102年第2季未實現損益部位仍達300多億元）；但若把這筆投資計入備供出售，就可不即時在損益表上認列投資虧損，而隱藏於股東權益當中。反之，企業管理階層也可以藉由金融資產投資，美化EPS（詳見第3章說明）。

再者，在金融資產本來就容易被隱蔽的情況下，IFRSs新制又為了使企業「更如實反應」經營現況，讓金融資產有已實現和未實現的帳務處理機制，提供企業管理階層更多的權變空間。要是再遇上個「有心操作」的企業管理階層，地雷股的問題就會愈演愈烈。此外，最容易操作的舞弊三賤客——採用權益法之投資、存貨、應收帳款；密密麻麻的財報附註，其實是預言了許多危機……，也都能在財報中見端倪。而學會看懂IFRSs新制財務報表的重要性，便不言可喻。

1+1=2？
IFRSs主角登場

接軌IFRSs後，第一件事情就是改以「合併」財務報表為主要報表，這和過去以母公司為主要財務報表，在實務上有很大的不同。

一般媒體上的老師講到合併報表，通常簡化說成是「母公司＋子公司」，其實這觀念與IFRSs是有出入的。IFRSs是一開始就以「合併」的角度做為出發點，來編製財務報表。就像存貨、土地不會因為在母公司、子公司之間搬來搬去就增值，在合併的觀點下，僅是集團內部母子公司間的交易，會計師就必須執行沖銷，並揭露沖銷的過程；合併報表股東權益亦不是母公司、子公司相加。如果你聽到有人說，合併報表就是將每個子公司的營收、成本、費用、資產、負債等等會計項目全數加回母公司，那其實沒有徹底了解IFRSs。

愈複雜且轉投資愈多的集團，併入合併資產負債表的子公司資產、負債，並非完全歸母公司股東所有，還加入了「拖油瓶」（非控制權益）；合併資產負債表若有「採用權益法之投資」，則代表還有關聯企業（持股比例20%至50%）未編入合併報表，此時投資人並未看到集團的全貌。由於多了這二個干擾項目，在財務分析時就必須更小心。

集團在合併綜合損益表中的獲利三支箭，第一支箭為母公司本身（不含子公司、關聯企業）；第二支箭為子公司（持股比

例大於50%）的營收、獲利，要注意的是，獲利第二支箭還要與「淨利歸屬於非控制權益」共享；第三支箭則是對於關聯企業（持股比例20%至50%），按照持股比例認列「採用權益法認列之關聯企業及合資損益之份額」。好好掌握這獲利三支箭，就能掌握企業的獲利引擎。

本章將為你解釋這個看似剪不斷、理還亂的合併報表，你會發現，聽起來很專業的IFRSs，其實不難懂。

2-1

資產負債表

　　每本以財務報表分析為主題或核心的投資理財書,第一個跟大家介紹的財務報表,90%都會是資產負債表(IFRSs下改稱為「財務狀況表」〔Statement of Financial Position〕,但在台灣,仍維持資產負債表一詞,以下為方便說明,統一以新、舊制的資產負債表稱之),本書也不例外。因為,要想利用財報替自己的投資加分,不先弄懂最基礎的資產負債表,就直接殺進股市,就會像個還學不會走,就要學跳的孩子一樣,跌得滿身傷。

　　先別看到數字龐大或項目明細複雜的資產負債表,就嫌麻煩,不願意往下看。因為,資產負債表真正困難的地方,在於確認它的編制是否符合會計原則和法令上要求的「正確性」,這項困難的工作,簽證會計師不只都替投資人完成,還簽上大名,以示負責。所以,拿到財報的眾家投資人,只要學會「看的技巧」,就會發現它一點也不難。

結構比重即可初判企業體質

　　什麼是資產負債表？簡單的說，就是將企業所擁有的資產、負債和股東權益全部展現出來，而這三者間的關係是「總資產＝負債＋股東權益」，也就是說負債和股東權益的總和，必定等於總資產。若再換個通俗易懂的說法，就是一家企業用了多少的本錢和累積的經營成果（股東權益），以及多少的借款（負債），打造出現有的企業規模（總資產）。因此，投資人可以很清楚地判斷，在一般情況下（如圖2-1-1），投資A公司會比B公司較好一點。因為A公司現有的規模，都是靠自有的本錢和經營績效打拚而成，但B公司的總資產則有大部分是負債墊出來的（負債比

圖 2-1-1 **資產負債表的結構關係**

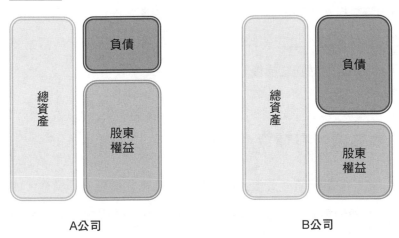

A公司　　　　　　　　　　B公司

率較高）。

　　當然，台灣的上市櫃企業逾1,000多家，產業屬性也大不同，資產、負債和股東權益間的關係也不會這麼簡單，但只要記住這個基本的比例概念，就可以幫投資人做出一個較安全的投資判斷，尤其當A、B兩公司是屬於同一產業的競爭對手時，A公司的投資價值必然比B公司高，投資風險則比B公司低。

　　以在IC設計領域各有擅長的類比科（3438）與奕力（3598）兩家業者為例（如表2-1-1），兩家公司都沒有一般電子業的固定資產等資本支出包袱，所以流動資產占總資產比例皆高。其中，類比科的負債僅占資產總計的16%，且大多都是流動負債而非長期負債，資產負債表結構較簡單；相對地，奕力的負債占資產總計比重高於類比科一倍有餘。但兩家公司的規模有異，且奕力的股東權益仍高出負債。因此，從財報觀點來看，奕力尚無負債過高的風險。但若純粹就資產負債表結構來初步評估兩家公司，類比科的財務結構優於奕力。

靠關鍵項目看懂資產負債表

　　進一步打開資產負債表後，投資人通常會發現，規模愈大的公司，表格愈長、文字也複雜，最後索性把財報擱一旁，靠著

表2-1-1 類比科 vs. 奕力的資產負債表結構比較

單位：新台幣千元

民國101年12月31日類比科（3438）資產負債表					
資產			負債及股東權益		
會計項目	金額	%	會計項目	金額	%
流動資產	934,082	75	流動負債	184,761	15
固定資產	257,636	21	長期負債	10,742	1
無形資產及其他資產	59,363	4	股東權益	1,055,578	84
資產總計	1,251,081	100	負債及股東權益總計	1,251,081	100

民國101年12月31日奕力（3598）資產負債表					
資產			負債及股東權益		
會計項目	金額	%	會計項目	金額	%
流動資產	4,551,022	96	流動負債	1,839,606	39
固定資產	151,815	3	長期負債	37,653	1
無形資產及其他資產	37,317	1	股東權益	2,862,895	60
資產總計	4,740,154	100	負債及股東權益總計	4,740,154	100

註：類比科和奕力因無持股比例>50%的子公司，毋須編製合併報表，故資料取
　　自母公司財報。

「這家公司這麼大，老闆又這麼有名，產業趨勢聽說不錯，股價
的技術線型也好」的想法直接投資，結果有不少投資人，在當年
就是這樣誤買到四大慘業的股票回家。

　　然而，資產負債表上的會計項目雖然多，但投資人真的需要懂的沒幾個。而且過去資產負債表裡的會計項目分類，如圖2-1-2左圖，在IFRSs新制上路後，投資人看到的改為圖2-1-2的右圖。兩者的差異在於，IFRSs新制下的資產負債表，分類上更簡化且強化流動性的概念，所以資產的會計分類從5類改為2類，負債由3類改為2類，而股東權益部分，則採用合併報表的概念表達。

圖2-1-2 資產負債表項目分類

2013年以前的舊制分類		2013年起的IFRSs新制分類	
資產	**負債**	**資產**	**負債**
流動資產	流動負債	流動資產	流動負債
基金及投資	長期負債	非流動資產	非流動負債
固定資產淨額	其他負債		
無形資產	**負債總計**		**負債總計**
其他資產			
	＋		＋
	股東權益		**股東權益**
	股本		歸屬於母公司業主權益
	資本公積		股本
	保留盈餘		資本公積
	股東權益其他項目		保留盈餘
			其他權益
			非控制權益
	股東權益總計		**股東權益總計**
資產總計	**負債及股東權益總計**	**資產總計**	**負債及股東權益總計**

這項增加流動性表述的變革，可讓投資人在解讀企業資產和負債的屬性上，更為便利，卻也提供企業管理階層不少美化財報的操作空間。

如果只看會計學課本上對流動性的定義——即持有一年以上的資產屬於非流動，一年以下者屬於流動，並不會覺得這項變革有什麼差別；但實務上，用這個課本定義去區分資產的企業不少，「自行判斷」的企業更多。只要這些「自行判斷」的理由，能夠說服負責簽證的會計師，就能過關。

現在，IFRSs新制要求更「忠實反應」資產的流動性，等於是廣開大門，允許企業管理階層可以自行決定要將金融資產（大多為股票）歸類為流動資產或非流動資產。也就是如果管理階層認為某些金融資產短期內應該不會賣出，就會把它列在非流動資產；要是打算把某些金融資產賣出，就會列為流動資產，因此會出現同一個金融資產投資標的，有部分被列為流動，有些被列為非流動的怪象。而這種怪象的「好處」，較外顯的是流動比率變得更漂亮，相對內隱的就是企業的管理階層可以藉此「調整」綜合損益表的數字。至於，如何調整和調整後會產生什麼影響？在本章的綜合損益表篇及第3章會陸續進行說明，與流動比率相關的內容，則在第4章詳述。

資產

在林林總總的分類下，投資人在資產的部分，只要看現金、應收帳款、存貨、金融資產和採用權益法之投資等5項，頂多再加看不動產、廠房及設備。不過，這6項雖然都屬於資產，但只有現金是數字愈大愈好，其他5項則未必。像是應收帳款和存貨過大，可能會有錢收不回來或貨賣不出去的風險；金融資產和採用權益法之投資都可能會有投資虧損的風險，而不動產、廠房及設備，除了土地可能較具有增值性外，廠房和設備數字過大，若不能使營收和獲利雙雙提升，也只是徒增企業的負擔（因借款擴廠），形成表面上是企業的資產，實質上是大包袱的負債。

至於，這些項目的數字，要到多大才算大？則要視該項目占總資產的比例而定。因為有些中小型規模的企業，有1億元的存貨，就是很不得了的事；但也有些資本額大的電子業者，存貨雖已高達百億元以上，占總資產的比例卻不大。

負債

在負債部分，投資人要判斷企業的負債是屬於金融負債（如銀行借款或公司債），還是一般的營業負債（如應付帳款、應付薪資）。要是金融負債太多，顯示這家公司是靠借錢在苦撐，利息壓力也一定不小。假設企業沒有金融負債，只有營業負債，就

代表它只靠股本和經營績效，就能成功地讓企業運轉。

　　從圖2-1-3可發現，仁寶電腦（2324）的應收帳款和存貨比率都相當高。民國103年12月31日的應收票據及帳款（含關係人）高達1,788.95億元，占總資產47.3%，等於是整個公司的資產有近一半在外流浪，還未能收回；而存貨比重雖然不像應收帳款那麼高（占總資產為17.8%），但672.71億元的金額也是相當可觀。

　　只看一家公司會見樹不見林，我們看看同業龍頭廣達電腦（2382）同期間的財務數字，其應收帳款占總資產為30%，而存貨為17%，我們就可以知道，仁寶電腦的資金週轉表現較廣達電腦差，但在存貨水準上，兩家公司並沒有太大差異（見表2-1-2）。

表2-1-2 廣達的合併資產負債表結構（摘錄）

單位：新台幣千元

民國103年12月31日廣達（2382）合併資產負債表					
資產			負債及股東權益		
會計項目	金額	%	會計項目	金額	%
現金及約當現金	222,057,452	36	短期借款	189,625,552	31
應收帳款淨額	183,376,661	30	應付帳款	175,376,332	29
存貨	100,739,763	17	負債合計	467,734,626	77
資產總計	607,814,722	100	負債及股東權益總計	607,814,722	100

圖2-1-3 民國103年12月31日仁寶電腦合併資產負債表

仁寶電腦工業股份有限公司及其子公司

合併資產負債表

民國一〇三年及一〇二年十二月三十一日

單位：新台幣千元

資產

		103.12.31 金額	%	102.12.31 金額	%
	流動資產：				
1100	現金及約當現金(附註六(一))	$ 74,708,130	19.7	46,965,852	14.0
1110	透過損益按公允價值衡量之金融資產－流動(附註六(二))	184,093	-	83,772	-
1125	備供出售金融資產－流動(附註六(三))	44,538	-	80,275	-
1147	避券投資之債務工具投資－流動(附註六(五))	350,000	0.1	1,745,000	0.5
1170	應收票據及帳款淨額(附註六(六)7及人)	178,552,207	47.2	183,481,024	54.6
1180	應收帳款淨額－關係人(附註六(六)7及七)	343,030	0.1	214,854	0.1
1200	其他應收款(附註六(六)7)	788,334	0.2	830,638	0.3
1310	存貨淨額(附註六(七))	67,270,875	17.8	51,219,127	15.2
1470	其他流動資產(附註八)	2,604,042	0.7	1,760,278	0.5
	流動資產合計	324,845,249	85.8	287,380,820	85.5
	非流動資產：				
1550	採用權益法之投資(附註六(八))	11,694,855	3.1	9,301,877	2.8
1523	備供出售金融資產－非流動(附註六(三))	12,402,009	3.3	14,695,637	4.4
1543	以成本衡量之金融資產－非流動(附註六(四))	83,202	-	6,588	-
1546	避券投資之債務工具投資－非流動(附註六(五))	1,000,000	0.4	-	-
1600	不動產、廠房及設備(附註六(九)及八)	24,472,732	6.4	21,209,228	6.3
1780	無形資產	1,035,162	0.3	1,293,643	0.4
1840	遞延所得稅資產(附註六(十六))	1,653,141	0.4	1,174,203	0.3
1985	長期預付租金(附註六(十四))	735,246	0.2	707,261	0.2
1990	其他非流動資產(附註六(十五))	429,122	0.1	333,557	0.1
	非流動資產合計	53,905,469	14.2	48,721,994	14.5
	資產總計	$ 378,750,718	100.0	336,102,814	100.0

負債及權益

		103.12.31 金額	%	102.12.31 金額	%
	流動負債：				
2100	短期借款(附註六(十一))	$ 46,692,373	12.3	51,971,767	15.5
2120	透過損益按公允價值衡量之金融負債－流動(附註六(二))	39,310	0.1	11,382	-
2170	應付票據及帳款(附註六(十一))	170,739,133	45.1	143,514,698	42.7
2180	應付票據及帳款－關係人(附註六(七))	1,167,152	0.3	1,944,703	0.6
2200	其他應付款(附註六(九))	18,216,304	4.8	15,601,065	4.6
2230	本期所得稅負債(附註六(十三))	2,180,985	0.6	1,006,058	0.3
2250	負債準備－流動(附註六(十三))	2,066,981	0.5	1,675,765	0.5
2300	其他流動負債	3,233,431	0.9	2,559,650	0.8
2313	一年內到期長期負債(附註六(十二))	3,634,233	1.0	423,154	0.1
	流動負債合計	250,264,267	66.1	220,597,261	65.7
	非流動負債：				
2540	長期借款(附註六(十二))	20,504,301	5.4	14,107,367	4.2
2570	遞延所得稅負債(附註六(十六))	1,136,411	0.3	678,587	0.2
2640	負債準備金－非流動(附註六(十五))	674,794	0.2	658,410	0.2
2670	其他非流動負債	163,793	-	98,917	-
	非流動負債合計	22,479,299	5.9	15,543,281	4.6
	負債總計	272,743,566	72.0	236,140,542	70.3
	權益				
	歸屬母公司業主之權益：				
3110	普通股股本(附註六(十七)及(十八))	44,232,366	11.7	44,134,467	13.1
3200	資本公積(附註六(十七))	14,296,445	3.8	16,193,087	4.8
3300	保留盈餘(附註六(十七))	47,509,087	12.5	44,260,834	13.2
3400	其他權益	(3,139,021)	(0.8)	(7,707,518)	(2.3)
3500	庫藏股票(附註六(十七))	(1,724,739)	(0.5)	(2,007,725)	(0.6)
		101,174,138	26.7	94,873,145	28.2
36XX	非控制權益	4,833,014	1.3	5,089,127	1.5
	權益總計	106,007,152	28.0	99,962,272	29.7
	負債及權益總計	$ 378,750,718	100.0	336,102,814	100.0

請參閱後附合併財務報告之附註。

董事長： 　　　總經理： 　　　會計主管：

同時，仁寶電腦的負債比率也頗高，負債總額占負債與股東權益總計的72.0%，所幸，仁寶電腦絕大多數負債屬於營業負債（如1,719.06 億元的應付票據及帳款〔含關係人〕），金融負債（短期借款、一年內到期長期負債與長期借款）也達708.31億元。相對來說，廣達電腦卻有較高的金融負債（短期借款為1,896.26億元，再加計其他項目，金融負債達2,245.34億元）。

由此可知，兩家公司各有不同優劣，仁寶電腦有較高的應收帳款風險，而廣達電腦則在金融負債上比重較高，當利率上升時，對廣達電腦的營運績效較為不利。

股東權益

此外，在業主權益部分，只要留意企業的股本有多大、有沒有保留盈餘和非控制權益就行。看懂了這幾個重要會計項目在資產負債表中的數字及比重後，投資人就可以掛上聽診器，替企業做經營體質的檢視，看它是新陳代謝良好、步履輕巧的健康企業，抑或是心血管等慢性病一大堆，天天靠吃止痛藥過日子的重病企業。

財報的合併呈現大有玄機

除了前一個小節提到的會計項目分類方式外，在IFRSs新制下，資產負債表的重要改變，還有以「合併觀點」取代原有的個體報表方式編制資產負債表。所以，投資人會發現資產負債表中的股東權益，怎麼多了一個沒見過面的新朋友——非控制權益，其實它就是舊制中的「少數股權」。

嚴格說來，合併觀點在財報上不是什麼新鮮事，它一直存在著。像是企業轉投資其他企業，持有股權逾50%（含）以上，或雖然持有股權在50%以下，但卻對被投資企業有實質控制能力時，都要將這些被投資子公司的經營情形與母公司的現況加以合併，編製合併的資產負債表（表2-1-3）。

表2-1-3 **轉投資持股在財報上的呈現方式**

持股比例	母公司對轉投資持股影響	母公司報表會計項目及評價方式	轉投資公司資產、負債是否併入合併報表	合併報表會計項目及評價方式
大於50%（含50%）	有控制能力（子公司）	採用權益法之投資	是	—
大於20%，但小於50%	有重大影響力（關聯企業）	採用權益法之投資	否	採用權益法之投資
小於20%	無重大影響力（金融資產）	以公允價值或成本法評價之金融資產	否	以公允價值或成本法評價之金融資產

　　只是，以前大多數的台股投資人，甚至有些證券業的台股或產業分析師，都不具財報合併呈現的觀念，也不重視合併資產負債表，頂多只確認一下母子公司的合併營收是增加，還是減少。所以，有些上市櫃企業，會將不利財報數字或市場投資價值評估的事，都往子公司裡塞，例如母公司資產負債表上的負債少或幾乎零負債，但其實負債等不便見光的事，全都藏在子公司裡。

　　再者，由於台股投資市場普遍缺乏對合併概念的認知，導致坊間對於IFRSs新制的合併觀念，產生誤解。有不少人認為，合併的資產負債表有什麼難的，不就是把子公司的資產、負債和股東權益，統統都加進來。倘若真的這樣想，就大錯特錯了。即使是最單純的母公司對子公司持股為100%時（即圖2-1-4中的案例1），合併的負債，等於母公司、子公司負債相加，但合併的資產、股東權益並不會是二者相加；但現實情況是上市櫃企業的子公司不會只有一家，持股也不會都是100%。

　　舉個簡單的例子，假設母公司對子公司持股為80%時（即圖2-1-4中的案例2），在資產負債表合併呈現時，資產總額在加計子公司資產總額時，母公司必須先減去原先計入的子公司80%股權的採用權益法之投資，以避免重複。同時，由於子公司有20%股權，並不屬於母公司，而是其他投資者的權益，但在資產和負債是全數併入的情況下，為忠實呈現財報資訊及符合會計學

上「總資產＝負債＋股東權益」的恆等式，合併的股東權益部分，則必須加計子公司20%股東權益，這20%便稱之為非控制權益，說得白話些，就是「不屬於母公司的他人權益」。

圖2-1-4 母公司對子公司持股在財報上的合併表達

案例1：母公司對子公司持股100%

母公司 資產負債表		子公司 資產負債表		合併資產負債表	
資產總額 500萬 （含採用權益法 之投資70萬[1]）	負債 200萬	資產總額 100萬	負債 30萬	資產總額 530萬 (500−70+100)	負債 230萬
	股東權益 300萬		股東權益 70萬		股東權益 300萬[2] (300+70×0%)

[1]母公司採用權益法之投資70萬＝子公司股東權益70萬×100%
[2]合併的股東權益300萬＝母公司股東權益300萬＋非控制權益0萬

案例2：母公司對子公司持股80%

母公司 資產負債表		子公司 資產負債表		合併資產負債表	
資產總額 500萬 （含採用權益法 之投資56萬[3]）	負債 200萬	資產總額 100萬	負債 30萬	資產總額 544萬 (500−56+100)	負債 230萬
	股東權益 300萬		股東權益 70萬		股東權益 314萬[4] (300+70×20%)

[3]母公司採用權益法之投資56萬＝子公司股東權益70萬×80%
[4]合併的股東權益314萬＝母公司股東權益300萬＋非控制權益14萬

重要觀念

合併的股東權益＝母公司股東權益＋非控制權益

因此，如果上市櫃企業合併後的資產負債表，都比較趨近案例1，就表示母子公司彼此心連心，雙方關係十分密切，沒有任何外人介入。如果比較趨近案例2，就表示母子公司之間，還有其他外人存在。

案例1、2都是極為簡單的舉例，用意在讓大家明白母子公司在財報上的合併表達，絕不是「1＋1＝2」的粗糙計算，特別是當子公司多到雙手手指都數不完的情況時，合併資產負債表的資訊，就更不易一眼看清。不過，從財報揭示的完整度而言，不管母公司轉投資多少家公司，結果不外乎是表2-1-4所列出的4種情形，且以情形1的合併資產負債表資訊透明度最佳，情形4最差。

當在合併資產負債表中，有採用權益法之投資存在*時，就表示母公司對轉投資公司的持股未達需編制合併報表的50%（如

---

* 在ROC GAAP中之長期投資包含：採權益法之長期股權投資、備供出售之金融資產—非流動、以成本衡量之金融資產—非流動……等。在IFRSs中改以「非流動資產」表達，其會計項目包含：採用權益法之投資、備供出售金融資產—非流動、以成本衡量之金融資產—非流動。金融資產待3-2節詳述。

前文表2-1-3）。所以，當合併資產負債表中的採用權益法之投資數額很高，尤其是占總資產比重大時，投資人必須有警覺性。因為這就表示母公司旗下的轉投資公司，不管資產負債的情況如何，都沒有在合併報表中揭露。台股市場過去被揭發的重大地雷股，多半都有這種情形。它們利用法規的漏洞，將持股（或交叉持股）刻意降到50%以下，以規避合併報表的編製規定。然後將大規模的負債或不利財報的經營實況，都隱藏在這些轉投資公司裡。當然，有些正派經營且家大業大的上市櫃企業，難免會有情形4的狀態出現，可是他們就算沒有地雷會爆，但資訊太過複雜，也確實不利一般投資人進行投資評估。

表2-1-4 採用權益法之投資在合併資產負債表中的呈現情形

情形／評價	母公司對轉投資公司持股	合併資產負債表		資訊透明度
		採用權益法之投資（持股20%至50%）	非控制權益	
情形1	甲公司 100% 乙公司 100%	0	0	最佳
情形2	丙公司 80% 丁公司 100%	0	20%	次佳
情形3	戊公司 100% 己公司 40%	40%	0	次差
情形4	庚公司 80% 辛公司 40%	40%	20%	最差

　　此外，就算有上市櫃企業的採用權益法之投資都屬於情形1，也不表示持有這家股票是絕對安全的，只能說它的財報資訊透明度高，但是否適合投資，要再看有沒有其他不利投資獲利的因子。例如民國103年12月31日，瑞儀光電（6176）和訊連（5203）兩者的合併資產負債表上（見表2-1-5），都沒有採用權

表2-1-5 瑞儀光電 vs. 訊連的採用權益法之投資情況比較

單位：新台幣千元

案例1：民國103年12月31日瑞儀光電（6176）財報資訊

財報資訊	採用權益法之投資		負債		股東權益		非控制權益	
	金額	%	金額	%	金額	%	金額	%
母公司資產負債表	27,882,961	79	10,953,890	31	24,449,754	69	–	–
合併資產負債表	0	–	30,878,361	56	24,449,754	44	0	–

案例2：民國103年12月31日訊連（5203）財報資訊

財報資訊	採用權益法之投資		負債		股東權益		非控制權益	
	金額	%	金額	%	金額	%	金額	%
母公司資產負債表	863,331	14	1,131,071	19	4,840,569	81	–	–
合併資產負債表	0	–	1,558,142	24	4,840,569	76	0	–

註：案例1、案例2中採用權益法之投資＝0，非控制權益＝0，資訊透明度最佳。

益法之投資，股東權益的金額在合併前後也無差異，表示沒有非控制權益存在。因此，兩家公司對子公司都是100%持股，沒有其他投資人居中。但值得注意的是，股東權益占資產總計的比例卻有差別，顯示出合併之後，負債皆有上升的情況。但訊連的負債比重不多，尚屬合理範圍；瑞儀光電的負債比重增加近25%（即由31%增至56%），增幅過大，且光是短期負債金額就差很大。瑞儀光電母公司資產負債表上的短期借款為221,550千元，合併後則爆增至4,014,290千元，突顯出負債都藏在子公司的情況。即使這些負債是因應產業擴展需求且無違法事宜，但比重仍然偏高。

2-2

綜合損益表

　　若將台股投資人依投資習性及個人的資訊偏好進行簡單分類，大約可分為總體面、基本面、籌碼面、技術面和消息面（就是聽明牌）等五大派，但無論是哪一派的投資人，損益表都是大家較常看，也比較看得懂的一份財務報表。

　　再者，現在網路資訊豐富且方便，從入口網站，如Yahoo奇摩；綜合新聞網，如聯合新聞網、中時新聞網；財經新聞網，如鉅亨網……等，都有提供上市櫃公司的財務報表資訊，因此「看得懂」損益表，就不算是什麼難事。

　　但是，大家真的看懂了嗎？或者說，看出眉角了嗎？

　　從損益表最頂端的營業收入到最後一欄的EPS之間，看似簡單，但在實務上，其實暗藏玄機，很容易被有心人包裹上甜蜜的糖衣；再者，IFRSs是從資產負債表的變化差異來得到綜合損益表的結果，這將顛覆過去我們習以為常的傳統思維。資產負債表會計項目，如何影響綜合損益表的EPS，將於第3章作深入探討。

　　以圖2-2-1和圖2-2-2為例，網站將上市櫃企業損益表中的資訊匯整成表、把營收和稅後盈餘及其年增率製成圖，確實簡明易

圖 2-2-1 Yahoo! 奇摩股市個股資訊摘錄──**公司資料（以台積電為例）**

獲利能力（102年第1季）		最新4季每股盈餘		最近4年每股盈餘	
營業毛利率	45.77%	102年第1季	1.53元	101年	6.41元
營業利益率	33.47%	101年第4季	1.60元	100年	5.18元
稅前淨利率	34.46%	101年第3季	1.90元	99年	6.24元
資產報酬率	3.95%	101年第2季	1.61元	98年	3.45元
股東權益報酬率	5.30%	每股淨值：		29.55元	

圖 2-2-2 Yahoo 奇摩網站個股資訊摘錄──**營收盈餘（以台積電為例）**

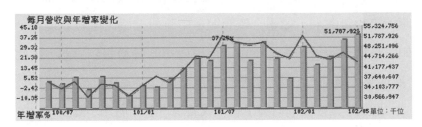

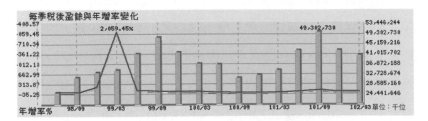

資料來源：Yahoo! 奇摩網站

懂，也非常方便，但用來看台積電（2330）這種台股優等生還算安全，若是其他企業，就未必是好方法。

原因在於，光看精簡歸納後的營收數字和每股盈餘（EPS），是看不出企業的經營實際績效。畢竟，從損益表最頂端的營業收入（或稱銷貨收入）到最後一欄的EPS之間，藏了太多資訊，一個不小心，投資人就會被漂亮的數據迷惑，最後成為長年的「總統套房」住客。

所以，網路上各種關於損益表的匯整式資訊雖然便利，但我還是建議投資人練就看懂損益表（新制改稱綜合損益表，含括既有的損益表加計其他綜合損益，以下為方便說明，統一以新、舊制的損益表稱之）的基本功。況且，這套基本功只需精通三招即可！

與經營小吃攤相同的盈虧計算

在講解如何看懂綜合損益表三招之前，還是要先讓大家熟悉一下損益表的邏輯、結構與長相。

基本上，損益表的邏輯比起其他財務報表來得簡單，也就是將企業的營業收入，再加計其他收入，並減去成本、費用和所得稅，算出淨賺多少。這個經營獲利的計算邏輯，晶圓大廠和鹽酥

雞、蚵仔麵線、包子鍋貼的小攤都一樣。

　　就結構而言，則可以圖2-2-3來做二階段的拆解。首先，將營業收入扣除營業成本後，可獲得營業毛利。接著，營業毛利再繼續往下扣除營業費用及營業外費用和所得稅，並加入營業外收入後，就可得出當期的淨利，也就是從營業毛利逐漸收斂到淨利。若收斂幅度不大，表示營業毛利與本期淨利間的差異小，企業的經營績效和獲利較佳；反之，若收斂幅度大，本期淨利偏低，就表示企業有可能白忙了大半天，並沒真正的賺到錢。

圖2-2-3 損益表結構關係

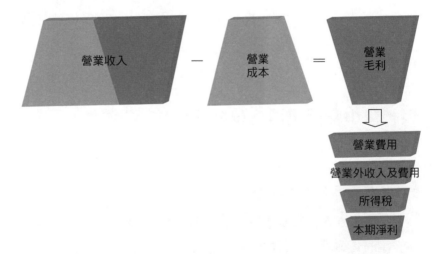

精通三招就能看懂損益表

弄清楚損益表的結構之後，投資人就可以大步跨進損益表的世界，看看在新聞報導的數字背後，還有什麼情況是新聞沒能說清楚、講明白，但卻會影響投資獲利的重要關鍵。

第1招：成本毛利看分明

在前述說明損益表結構時也提到，「營業收入－營業成本＝營業毛利」的概念。就這個數學式來看，投資人可以很輕易地理解成本和毛利間的關係是「當成本愈高時，毛利愈小」。因此，當新聞報導某上市企業的營收創新高時，投資人先別忙著高興，而是要確認企業的毛利是否也一樣創新高？若是，就可以往下細看企業獲利故事的原因，仔細評估投資的價值；若否，可以就此打住。

然而，依目前相關法規規定，上市櫃企業必須在每月10日之前，公告上個月的營業額，但細部的損益表資訊，最快也得等到季報公布時才能看得到。也就是說，投資人雖然在9月10日前會獲得企業8月營收「創新高」的訊息，但第3季（7至9月）的損益表，得等到第3季結束後的45天，也就是11月14日（此為IFRSs新制規定）左右才公布。但就因為營收和損益表資訊揭露

前後差了這麼多天，有不少投資人便常會被營收數據騙進場，傻呼呼地跟著追高，最後又因財報公布後的獲利「不如預期」，而跟著殺低賣出。

那麼，要怎麼避免這種情況呢？關鍵是，我們必須了解企業的成本 vs. 毛利間比例關係。以圖2-2-4的類比科（3438）民國101年的損益表為例，可發現營業收入的數字雖然比前一年高，但營業成本占營業收入的比重也比前一年略增了2%，顯見在這2年間，其成本和獲利結構沒有太大的變化。

一般而言，除非產業有重大發展和衝擊，或者是個別企業在經營上有很大的躍進或經營失誤，否則這個比例關係不會有太大的變化。所以，投資人在聽到某某企業營收大爆發時，不妨攤開近幾季的損益表來看毛利率是否持續下降；如果營業成本占營業收入向來偏高時，就別急著為企業的營收故事買單。

至於，營業成本占營業收入的比重多少算高？不同產業的情況各異，無法一概而論，但同一產業的不同企業相比，營業成本占營業收入愈低的企業，經營績效相對較佳。倘若營業成本占營業收入的比重，呈現逐年或逐季下降的情況，就表示營業毛利有上升的趨勢，自然更具投資價值。

圖 2-2-4 類比科技損益表（民國101年）

台灣類比科技股份有限公司
損益表
民國 101 年及 100 年 1 月 1 日至 12 月 31 日

單位：新台幣千元
（除每股盈餘為新台幣元外）

	項目	附註	101 年度 金額	%	100 年度 金額	%
	營業收入	第1招				
4110	銷貨收入		$ 1,273,170	103	$ 1,098,946	102
4170	銷貨退回及折讓		(31,042)	(3)	(22,892)	(2)
4100	銷貨收入淨額		1,242,128	100	1,076,054	100
	營業成本					
5110	銷貨成本		(908,291)	(73)	(761,825)	(71)
5910	營業毛利		333,837	27	314,229	29
	營業費用	第2招				
6100	推銷費用		(21,844)	(2)	(20,475)	(2)
6200	管理及總務費用		(38,947)	(3)	(45,794)	(4)
6300	研究發展費用		(144,313)	(12)	(147,457)	(14)
6000	營業費用合計		(205,104)	(17)	(213,726)	(20)
6900	營業淨利		128,733	10	100,503	9
	營業外收入及利益	第3招				
7110	利息收入		4,584	-	4,139	1
7130	處分固定資產利益		9	-		
7160	兌換利益		-	-	20,927	2
7480	什項收入		1,735	-	773	-
7100	營業外收入及利益合計		6,328	-	25,839	3
	營業外費用及損失					
7510	利息費用		(1)	-	(130)	-
7530	處分固定資產損失		(75)	-	(264)	-
7560	兌換損失		(16,716)	(1)	-	-
7640	金融資產評價損失		-	-	(1,312)	-
7880	什項支出		(11,522)	(1)	(12)	-
7500	營業外費用及損失合計		(28,314)	(2)	(1,718)	-
7900	繼續營業單位稅前淨利		106,747	8	124,624	12
8110	所得稅費用		(17,287)	(1)	(19,998)	(2)
9600	本期淨利		$ 89,460	7	$ 104,626	10

		稅前	稅後	稅前	稅後
	基本每股盈餘				
9750	本期淨利	$ 2.76	$ 2.32	$ 3.23	$ 2.71
	稀釋每股盈餘				
9850	本期淨利	$ 2.72	$ 2.28	$ 3.16	$ 2.65

第2招：營業費用看方向

列在營業毛利之後的營業費用，雖然易被忽略，但它其實有助於投資人弄清楚企業經營的方向。

台灣大多數上市櫃企業的營業費用很單純，就只列出推銷、管理及研發費用，只要金額和占營業收入比重（即損益表該項金額旁的百分比）不高，都算是經營績效良好。較特別的是，服務業因為行業特性使然，推銷及管理費用占營業收入比重，會比一般產業來得高，例如王品（2727）的推銷及管理費用占營業收入便高達42%（民國101年合併財報）。

再者，如果是必須仰賴研發來維持企業競爭力的產業，在營業費用部分，多半會列有研發費用。以類比科所處的IC設計產業為例，即有不低的研發費用，像是民國101年的研發費用就有1.44億元，占營業收入比重12%。雖然金額不像同業奕力（3598）的7.01億元來得高（占營業收入比重7%），但就其占營業收入比重來看，卻有近1倍的差異，由此便可看出企業在經營思維及策略上的不同（如表2-2-1），類比科顯然有更強烈的企圖心想要維持公司的競爭力。

此外，常有投資人聽到企業出現加薪潮時，弄不清加薪對企業損益表的影響何在。會計實務上，把企業的員工分為兩大類，一類是負責會計、財務、MIS、稽核……等工作的員工，也就

表2-2-1 類比科與奕力營業費用比較（民國101年）

單位：新台幣千元

公司別 營業費用	類比科（3438）		奕力（3598）	
	金額	%	金額	%
推銷費用	21,844	2	252,942	2
管理及總務費用	38,947	3	97,701	1
研究發展費用	144,313	12	701,443	7
營業費用合計	205,104	17	1,052,086	10

註：百分比％即指該項金額占營業收入的比重。

是俗稱的白領員工；另一類是直接負責生產工作的員工，俗稱藍領員工。企業不管對哪一類員工加薪，最後都會影響到本期淨利。白領員工的薪資被歸類為營業費用，但藍領員工的薪資屬於營業成本，因此會直接影響最前端的營業毛利。這也是前幾年鴻海（2317）帶頭調薪，造成在中國大陸設廠投資的一干台資企業都被迫跟進時，台股之所以跟著震盪的原因。

第3招：獲利動能藏玄機

「咦？營業外收入及費用也能算一招？」對損益表有點基本概念的讀者，看到這裡會大惑不解，評估企業損益表及投資價值，不就是要看它經營情形嗎，與營業外的事有什麼關係？但對某些產業來說，關係可大了！而且在IFRSs精神之下，營業外

收入及費用對損益表，乃至於當期淨利的影響，往往是「不中則已，一中就驚人」的態勢。

　　舉個簡單的例子，傳產類的上市櫃企業，例如紡織、農林畜牧業等老公司，手上都持有早年以較低成本購進的大片土地，現今無論是直接出售獲利，抑或是以參與土地開發案等方式出手（如台股市場最為「長壽」的土地開發題材──裕隆新店廠區），企業都可以獲得相當可觀的營業外收入。像是早年以茶葉相關業務為主的農林（2913），本業獲利平平無奇，甚至時有虧損情況，但近年來都靠處分土地獲利，撐住當期淨利。就民國101年合併損益表來看，處分土地獲利就高達8.25億元（占營收比重36%），連帶使淨利大增，貢獻1元以上的EPS（民國101年稅後EPS為1.52元）。

　　除了處分土地獲利之外，最常在營業外收入項目下出現的，還有企業持股20%以下的轉投資，稱之為企業的金融資產（此部分的詳細分析，在本章下一節及第3章另有說明），再直接一點，就是指企業的股票投資。當然，企業從事股票投資也和一般民眾相同，有賺有賠。看準了趨勢及時機買賣股票，大賺一筆，對本期淨利有正面挹注，但要是看走了眼，大賠一場，也會損及EPS。

此外，持股20%至50%的轉投資，稱之為企業的關聯企業，這些關聯企業的淨利或淨損，企業也要按照對這些關聯企業的持股比例，認列投資損益。這就是在舊制中鼎鼎大名的「權益法的投資損益」，在新制下改稱為「採用權益法之關聯企業及合資損益之份額」。

最後，在這個部分要特別留意的，就是匯兌收益及損失。由於台灣屬於出口導向型經濟體，絕大多數的上市櫃企業產品都會因為出口，而遭受台幣與國際貨幣（如美元）間的匯兌風險，碰上匯兌波動大的時期，有些企業甚至由盈轉虧或由虧轉盈。就拿類比科為例，民國100年的匯兌收益多達2,000多萬元（占營收比重2%），但民國101年不但沒有匯兌收益，還出現1,600多萬元的匯損，吃掉不少當期淨利。

綜上所述，處分土地收益、金融資產投資、權益法的投資損益及匯兌收益和損失，看似與上市櫃本業無多大相關，但它的麻煩之處就在於這些多屬於單次事件，不見得年年都有，但只要一發生，就會直接影響本期淨利及EPS，讓人不能小覷。

上市櫃企業號稱高營收的背後，到底有沒有獲利？又是靠什麼而賺錢？讀者在學會了分析損益表的這三招後，相信都難不倒你。而列在損益表表尾的EPS是虛胖，還是真正有料，也都能輕易辨別出來。

什麼是稀釋EPS？

損益表最末端的基本EPS與稀釋EPS，數字差不多，新聞報導及電視股市名嘴都很少提及，所以大家對兩者間的關係不甚了解，頂多看得出稀釋EPS數字比基本EPS少一些。稀釋EPS會較小，是因為它將可轉換公司債、可轉換特別股及員工認股權都假設為已轉換，因此把股數算進分母中，再與本期淨利相除。

同樣的分子（本期淨利），碰上變胖的分母（總股數），計算出來的稀釋EPS自然就比基本EPS少。在一般情況下，投資人可以忽略稀釋EPS，但若聽到「轉換」或要實施員工認股時，就得特別留意，因為只要真正執行，EPS就會真的變少。以威剛（3260）為例，民國102年第1季基本EPS為3.2元，因為已發行的應付公司債尚有6.678億元，若按轉換價格45.8元轉換，分母（總股數）將會增加14,581千股（6.678億／45.8元），由於稀釋EPS減少了0.2成為3元，影響不大，這些資訊投資人在綜合損益表上可以事先掌握。

看出報表合併呈現下的獲利門道

在上一節的資產負債表中，曾提到IFRSs新制下的財務報表都採用「合併觀點」，且不能用極簡化的「1＋1＝2」概念去理解，合併損益表的情況亦然，在將子公司的營業收入等資訊併入母公司時，也得把不屬於母公司權益的部分扣除。就圖2-2-5案例1的情況來看，無論子公司有多少家，只要是母公司對子公司持股達100%時，合併損益表可直接將母子公司的營業收入等數據相加計算，但如果持股未達100%時，情況就沒有這麼簡單。

假設母公司有二家轉投資公司A、B，持股分別是80%、40%。母公司因為持有子公司A的股份超過50%，依法令規定，必須把子公司的營收編入合併損益表中，而關聯企業B則因持股比重較少，只需依據關聯企業B的淨利，按持股比例認列投資收益[*]。

於是，在合併損益表的呈現上，會出現圖2-2-5案例2的現象。也就是在加計母公司和子公司A的數據後，必須扣除子公司A中，不屬於母公司所有的20%利益，也就是60萬元；同時，也必須加入關聯企業B中，屬於母公司擁有的40%的投資收益，也就是16萬元，因此得到合併報表中本期淨利歸屬於母公司業主為436萬元。

---

[*] 投資收益為「採用權益法認列之關聯企業及合資損益之份額」的簡稱。

圖 2-2-5 合併損益表案例說明

案例1：母公司對子公司持股100%

母公司損益表概算

營業收入	1,000萬
－營業成本	800萬
－營業費用	20萬
營業淨利	180萬
＋投資收益	300萬[1]
本期淨利	**480萬**

子公司損益表概算

營業收入	400萬
－營業成本	90萬
－營業費用	10萬
營業淨利	300萬
＋投資收益	－
本期淨利	300萬

合併損益表概算

營業收入	1,400萬
－營業成本	890萬
－營業費用	30萬
營業淨利	480萬
＋投資收益	－
淨利歸屬於母公司業主	**480萬**

[1]投資收益300萬＝300萬×100%

案例2：母公司對子公司A持股80%、關聯企業B持股40%

母公司損益表概算

營業收入	1,000萬
－營業成本	800萬
－營業費用	20萬
營業淨利	180萬
＋投資收益	256萬[2]
本期淨利	**436萬**

子公司A損益表概算

營業收入	400萬
－營業成本	90萬
－營業費用	10萬
營業淨利	300萬
＋投資收益	－
本期淨利	300萬

關聯企業B損益表概算

營業收入	100萬
－營業成本	50萬
－營業費用	10萬
營業淨利	40萬
＋投資收益	－
本期淨利	40萬

[2]投資收益256萬＝300萬×80%＋40萬×40%

合併損益表概算

營業收入	1,400萬	
－營業成本	890萬	
－營業費用	30萬	
營業淨利	480萬	
＋投資收益	16萬	（40萬×40%）關鍵指標1
本期淨利	496萬	（180萬＋300萬×100%＋40萬×40%）

淨利歸屬於：

母公司業主	436萬	（180萬＋300萬×80%＋40萬×40%）獲利三支箭
非控制權益	60萬	（300萬×20%）關鍵指標2

重要觀念

合併報表淨利歸屬於母公司業主＝母公司淨利

合併報表EPS　　　　　　　　＝母公司EPS

　　不管母公司投資多少家轉投資，結果不外乎是表2-2-2所列出的4種情形，且以情形1的合併綜合損益表資訊透明度最佳，情形4最差。圖2-2-5案例2即為情形4，最為複雜。

表 2-2-2 **採用權益法認列之關聯企業及合資損益之份額在合併綜合損益表中的呈現情形**

情形／評價	母公司對轉投資公司持股	合併綜合損益表		資訊透明度
		採用權益法認列之關聯企業及合資損益之份額（持股20%至50%）	淨利歸屬於非控制權益	
情形1	甲公司 100% 乙公司 100%	0	0	最佳
情形2	丙公司　80% 丁公司 100%	0	20%	次佳
情形3	戊公司 100% 己公司　40%	40%	0	次差
情形4	庚公司　80% 辛公司　40%	40%	20%	最差

最後，匯總表2-1-4與表2-2-2，於表2-2-3中提供二個合併報表分析的關鍵指標，關鍵指標1代表的是合併報表中還有多少關聯企業（持股20%至50%）的資產、負債、收入與費用未編入合併報表；關鍵指標2代表的是已編入合併報表子公司（持股>50%）的資產、負債、收入與費用，有多少屬於非控制權益。二個關鍵指標愈小，資訊透明度愈佳。

表2-2-3 合併資產負債表與合併綜合損益表的二個關鍵指標

關鍵指標	合併資產負債表	合併綜合損益表
關鍵指標1	採用權益法之投資	採用權益法認列之關聯企業及合資損益之份額
關鍵指標2	非控制權益	淨利歸屬於非控制權益

新舊制損益表「表面差異小」

在合併觀點之外，就財務報表外觀（含會計項目分類）及編制上的變動性而言，損益表在IFRSs新制下，看似變化不大，就如表2-2-4所呈現，刪除了非常損益及會計原則變動之累積影響數，並新增了其他綜合損益。

先看看刪除的這兩項，對企業的會計帳有什麼影響？舊制中的非常損益，就如字面意義，是「非常態」事件造成的損失或收

表2-2-4 損益表新舊制差異

2013年以前的舊制	2013年起的IFRSs新制	簡稱
營業收入	營業收入	
營業成本	營業成本	
營業毛利	營業毛利	
營業費用	營業費用	
營業利益	營業利益	
營業外收入及支出	營業外收入及支出	NI
繼續營業單位稅前淨利	稅前淨利	
所得稅費用	所得稅費用	
繼續營業單位淨利	繼續營業單位本期淨利	
停業單位損益	停業單位損益	
本期淨利	本期淨利	
普通股每股盈餘	每股盈餘	EPS[註]
非常損益	新增—其他綜合損益	OCI
會計原則變動之累積影響數	新增—本期綜合損益總額	CI

註：EPS只計算NI，不計算OCI。

重要觀念

$$綜合損益 = 本期淨利 + 其他綜合損益$$
$$CI = NI + OCI$$
$$（新制）\qquad（舊制）$$

益，例如地震、火災、颱風等重大意外災害，國外政府的沒收，或是由於政府新頒法規禁止經營等情形，導致企業經營上產生損失，都屬於此類。而在IFRSs新制上路後，未來若發生這類損失或收益時，都列入營業外收入及支出計算。所以，非常損益只是名稱剔除，改以營業外收入及支出認列，但「貌不驚人」的會計原則變動之累積影響數遭刪除，則是別有洞天。

過去，企業所使用的會計原則有變更時，考量到帳面必須「忠實呈現」經營實況，企業就得把變動對過去的影響數據統計出來後，在當期損益表中認列。但實施IFRSs新制之後，企業若進行會計原則變更，就必須重新編制受到影響的相關年度財務報表，以便維持不同期間財報資訊的可比較性。但固定資產的折舊方法變更，視為「估計變動，不溯既往」，所以它的變動不需調整過去，只要調整未來就好。

「估計變動、不溯既往」的差異太拗口、看不懂？沒關係，直接看上市櫃企業怎麼做。

以砷化鎵元件代工廠穩懋（3105）為例，原本的廠房設備折舊年限為5到10年，但穩懋考量到砷化鎵產業技術發展快速，未來在處分或報廢現有設備時，會因尚有許多折舊未攤提，設備帳面價值仍高，形成鉅額損失。索性就搭IFRSs新制順風車，將設備折舊年限縮短為5年。因此，穩懋近幾年的折舊費用會比舊制

提高許多，尤其是認列影響數的2013年，其折舊費用會大增，連帶使淨利明顯縮水。市場預估，2013年暴增至4.6億元的折舊費用，會使穩懋的EPS少掉0.5元。

瞧瞧看，只是稍稍調整投資人很少注意的折舊費用，就能讓EPS消失0.5元，可見「不溯既往」的威力有多大。反之，若有企業在IFRSs新制下，將折舊年限延長，則當年度的折舊費用就會大減，企業的EPS就會變得漂亮不少，讓投資人誤以為企業當年度獲利成長。

然而，將折舊年限調短或延長，是否就代表企業一定潛藏什麼不可告人的心思（如炒股），必須視個別情況進行判斷，不能一竿子打翻一船人，但這個調整未來的思維，看起來頗省事，實際上亦給企業更大的操作空間。

IFRSs的OCI微調超有戲

嚴格說來，IFRSs新制刪除的非常損益、會計原則變動之累積影響數，對台股投資人而言，有些平淡無奇，畢竟企業不會年年因天災受創，亦不會時常變動會計原則。可是，新增的其他綜合損益就不同了！

在舊制下的損益表，著重在呈現企業當期收入和支出（損失）間的情況，而較為複雜的損益關係，則多半呈現在資產負債表的股東權益中，例如員工福利的精算、備供出售金融資產的未實現損益等。

然而IFRSs新制的綜合損益表，希望能更充分揭露股東權益的變化及企業的經營管理績效，所以將原本僅列在股東權益其他項目，也列進合併綜合損益表中。而在這些必須進入綜合損益表內的新同學中，最讓上市櫃企業管理階層有操作空間的，莫過於是備供出售金融資產的未實現損益（金融資產的衡量詳細說明，請見第3章）。

備供出售金融資產，簡單地說，就是企業還沒有打算賣出的股票投資。也正因為「還沒有賣」，所以損益未發生，企業也不必馬上認列投資收益或虧損。

以圖2-2-6的情況為例，假設某企業於3月15日時，買進A公司股票，當時股價為100元，至5月及7月中旬時，因為企業仍將A公司股票列為備供出售，所以A公司股價下跌時，企業在帳上會揭露為備供出售金融資產的未實現損失。

「吼——老師，你也太杞人憂天了吧，台股本來就波動大，個股股價上上下下是再正常不過的事，等到賣出的那天，有賺到

圖 2-2-6 備供出售金融資產損益說明

A公司股價變化

3/15 股價100元	5/15 股價80元	7/15 股價90元	9/15 股價120元
買進	繼續持有	繼續持有	繼續持有

就好啦！」課堂上，有個在金融業任職的學生這麼回答我，但他只說對了一半。確實，在現有規定下，其他綜合損益在其損益的事實未發生前，無論其損益金額有多大，都不會影響EPS。所以，大多數投資人及台股分析師目前都仍對它視而不見。但大家不妨試想，如果把A公司換成四大慘業的任一家或是股價成本為1,100元的宏達電（2498），相信任何人都輕鬆不起來。

　　台灣的上市櫃企業在踩到地雷後，企業管理階層默默地將這些投資列為備供出售金融資產，最後再偷偷認列損失者，多不勝數。只是手法較高超的管理階層，會在企業獲利情況良好時，同步認列投資損失，讓人不易查覺。那如果企業管理階層的手法不夠高明，或者帳上的未實現損益金額著實太大時，怎麼辦？因此，站在投資必須制於機先的考量下，觀察IFRSs新制綜合損益表的其他綜合損益變化，將不失為台股投資的密技之一。

賺很大的其他綜合損益

如果你還是以為OCI永遠不影響EPS，所以完全忽略它，那你可以來看看這個例子。華碩（2357）是一家老牌的3C電腦品牌公司，104年第1季EPS 4.96元，比去年同期的5.87元衰退了15.5%。照道理應該是一個很普通的成績單，投資人應該興趣缺缺，不過我們來看一下它的綜合損益表（圖2-2-7）。華碩第1季淨利為37億元，可是綜合損益表中「當季」的備供出售金融資產的未實現利益居然高達56億元。這表示華碩只要公司政策需要的時候，公司把金融資產變現，就能夠獲得相當高額的處分利益。

104年起，新版的綜合損益表（圖2-2-7）將OCI揭露區分為二大類：「不重分類至損益之項目」、「後續可能重分類至損益之項目」。說得更白話些，第一類是未來都不會影響EPS；第二類若是實現，未來將會影響EPS。華碩持有的備供出售金融資產如果一出售，當然可以認列利益、增加EPS，自然就被歸類為第二類了。

實事求是的投資人絕對不會只看到這個數字就感到滿足，依照慣例我們立刻往下查詢附註二十一的內容（圖2-2-8）。我們看到，「當季」備供出售金融資產的未實現利益56億元，主要是

圖 2-2-7 華碩合併綜合損益表（民國104年第1季）

華碩電腦股份有限公司及子公司
合併綜合損益表
民國104年及103年1月1日至3月31日
（僅經核閱，未依審計準則查核）

單位：新台幣仟元
（除每股盈綜為新台幣元外）

項目	附註	104 年 1 月 1 日 至 3 月 31 日		103 年（調整後）1 月 1 日 至 3 月 31 日	
		金　額	%	金　額	%
4000 營業收入	六(二十二)及七	$ 111,889,517	100	$ 110,335,999	100
5000 營業成本	六(九)(十六)(二十)(二十五)(二十六)(二十九)及七	(96,558,310)(87)	(	95,525,468)(86)	
5900 營業毛利		15,331,207	13	14,810,531	14
營業費用	六(十三)(十六)(二十)(二十五)(二十六)(二十九)、七及九				
6100 推銷費用		(5,599,313)(5)	(	4,999,927)(5)	
6200 管理費用		(1,778,298)(2)	(	2,049,012)(2)	
6300 研究發展費用		(2,818,760)(2)	(	2,721,737)(2)	
6000 營業費用合計		(10,196,371)(9)	(	9,770,676)(9)	
6900 營業利益		5,134,836	4	5,039,855	5
營業外收入及支出					
7010 其他收入	六(二十三)	140,294	-	113,775	-
7020 其他利益(損失)	六(二)(三)(十一)(二十四)	(273,817)	-	178,680	-
7050 財務成本		(92,209)	-	(34,227)	-
7060 採用權益法之關聯企業及合資利益之份額	六(十)	2,551	-	5,211	-
7000 營業外收入及支出合計		(223,181)	-	263,439	-
7900 稅前淨利		4,911,655	4	5,303,294	5
7950 所得稅費用	六(二十七)	(1,214,663)(1)	(	880,876)(1)	
8200 NI本期淨利		3,696,992	3	$ 4,422,418	4
OCI其他綜合淨利		104年起，OCI揭露區分為二大類：			
一 不重分類至損益之項目					
8311 　確定福利計畫之再衡量數	六(十三)	$ 206	-	$	
二 後續可能重分類至損益之項目					
8361 　國外營運機構財務報表換算之兌換差額	六(二十一)	808,070	-	877,884	1
8362 　備供出售金融資產未實現評價利益	六(三)(二十一)	5,600,172	5	2,759,581	2
8363 　現金流量避險中屬有效避險部分之避險工具利益	六(五)(二十一)	1,108,975	1	339,013	-
8370 　採用權益法認列關聯企業及合資之其他綜合利益之份額	六(十)(二十一)	50	-	192	-
8399 　與可能重分類之項目相關之所得稅	六(二十一)(二十七)	135,858	-	(338,558)	-
8300 　本期其他綜合淨利之稅後淨額		$ 6,037,191	6	$ 3,638,112	3
8500 CI本期綜合利益總額		$ 9,734,183	9	$ 8,060,530	7
NI淨利歸屬於：					
8610 　母公司業主① 用以計算EPS		$ 3,680,425	3	$ 4,361,617	4
8620 　非控制權益②		16,567	-	60,801	-
		$ 3,696,992	3	$ 4,422,418	4
CI綜合淨利總額歸屬於：					
8710 　母公司業主③		$ 9,721,278	9	$ 7,994,813	7
8720 　非控制權益④		12,905	-	65,717	-
		$ 9,734,183	9	$ 8,060,530	7
每股盈餘	六(二十八)				
9750 基本每股盈餘		$ 4.96		$ 5.87	
9850 稀釋每股盈餘		$ 4.93		$ 5.84	

請參閱後附合併財務報告附註暨資誠聯合會計師事務所
曾患理、張明輝會計師民國104年5月12日核閱報告。

董事長：施崇棠 　　　經理人：沈振來 　　　會計主管：張偉明

圖2-2-8 華碩合併財務報表OCI附註（民國104年第1季）

（二十一）其他權益項目

	現金流量避險中屬有效避險部分之避險工具利益(損失)	備供出售金融資產未實現利益	國外營運機構財務報表換算之兌換差額	確定福利計畫再衡量數	總計
104年1月1日	\$ 365,822	\$ 28,011,777	\$ 1,940,298	(\$ 20,045)	\$30,297,852
－本公司	－	5,634,275	(441,143)	－	5,193,132
－子公司	1,108,975	(29,536)	(231,974)	206	847,671
－關聯企業	－	3	47	－	50
104年3月31日	\$ 1,474,797	\$ 33,616,519	\$ 1,267,228	(\$ 19,839)	\$36,338,705

註：OCI在資產負債表中稱為「其他權益」；在綜合損益表中稱為「其他綜合損益」。

　　來自於母公司持有的金融資產，「累計」增值數更是驚人，高達336億元，對於股本74億元的華碩而言，「累計」增值數相當於4.5個股本。這表示我們只要打破財報看到底，一定可以找到獲利的來源。

　　皇天不負苦心人，整份報表看到最後，我們看到了附表三的期末持有有價證券情形，在備供出售金融資產的項目裡面，我們找到兩筆金額很大、占比很高的金融資產——研華跟和碩（圖2-2-9）。再去對照研華與和碩的股價走勢圖，原來兩家公司兩年來都大漲了一波，難怪出現了這麼多的未實現利益。

　　終於讓我們找到利益來源了，而且主要來自於上市櫃公司的股票，這對我們分析者來說真是天大的好消息，因為這潛在的利

圖 2-2-9 華碩期末持有有價證券情形（民國104年第1季）

附表三（期末持有有價證券情形（不包含投資子公司、關聯企業及合資控制部分））

單位：新台幣仟元

持有之公司	種類	有價證券名稱	與有價證券發行人之關係	帳列項目	股(單位)數	期末帳面金額	比率(%)	公允價值	備註
華碩	基金	聯邦貨幣市場	-	透過損益按公允價值衡量之金融資產	80,586,696	1,047,345	-	1,047,345	
華碩	基金	日盛貨幣市場	-	透過損益按公允價值衡量之金融資產	73,932,967	1,076,545	-	1,076,545	
華碩	基金	兆豐國際實續貨幣市場	-	透過損益按公允價值衡量之金融資產	82,060,018	1,011,365	-	1,011,365	
華碩	基金	野村貨幣市場	-	透過損益按公允價值衡量之金融資產	18,086,772	290,315	-	290,315	
華碩	債券	晶技	-	透過損益按公允價值衡量之金融資產	500,000	51,000	-	51,000	
華碩	債券	華宏	-	透過損益按公允價值衡量之金融資產	266,000	27,132	-	27,132	
華碩	債券	赫興	-	透過損益按公允價值衡量之金融資產	500,000	56,400	-	56,400	
華碩	股票	迅杰	-	備供出售金融資產-流動	917,247	25,041	1.22	25,041	
華碩	股票	安國	-	備供出售金融資產-流動	905,879	25,048	1.10	25,048	
華碩	股票	海華	-	備供出售金融資產-流動	934,745	13,460	0.72	13,460	
華碩	股票	雷笛克	-	備供出售金融資產-流動	620,761	31,411	1.38	31,411	
華碩	股票	環球晶圓	-	備供出售金融資產-流動	276,626	37,713	0.08	37,713	
華碩	股票	研華	-	備供出售金融資產-非流動	91,483,812	21,818,889	14.49	21,818,889	
華碩	股票	AZUREWAVE CAYMAN	-	備供出售金融資產-非流動	-	372	9.13	372	
華碩	股票	群豐	-	備供出售金融資產-非流動	1,588,000	16,328	1.06	16,328	
華碩	股票	和碩	-	備供出售金融資產-非流動	448,506,484	37,988,499	17.83	37,988,499	
華碩	股票	EOSTEK LIMITED	-	備供出售金融資產-非流動	1,600,000	69,135	19.85	69,135	
華碩	股票	力鉅	-	備供出售金融資產-非流動	1,687,500	12,260	7.59	12,260	
華碩	股票	絡達	-	備供出售金融資產-非流動	813,722	88,395	1.49	88,395	
華碩	債券	MOBISOCIAL	-	備供出售金融資產-非流動	-	7,575	-	7,575	
華碩	股票	廣源	-	成本衡量之金融資產-非流動	10,000,000	62,859	7.81	-	
華碩	基金	TNP	-	成本衡量之金融資產-非流動	59	17,640	1.11		

益是真的！不是來自於看不到的子公司、孫公司，更不是什麼名不見經傳的海外金融商品或是未上市股票，上市櫃公司的股票流動性相當高，算是A級的備供出售有價證券。

　　讀者或許會說，那些股票華碩可能只是為了掌握股權，持股是不賣的，既然不賣就不該算是利益。這樣的想法也很正確，不過透明度很高的OCI對我們來說，除了有價證券持續增值會提升公司的股東權益，一旦公司出現營運波動或是需要籌資的時候，這些價值很高的有價證券就會是相當強的資金後盾，整體來說會提升法人或市場對於公司的評價。就算沒有算在EPS當中，但至少看起來讓人很舒服，而且沒有作假。

　　你發現了嗎？IFRSs制度下，有些影響EPS的利益可能是虛的，有些不影響EPS的利益卻很可能是實的。認識這些虛虛實實的財務分析邏輯，正是你學習基本面分析最重要的關鍵！

現金流量表

　　大多數習慣依賴簡式財務報表數字做選股決策的投資人，在閱讀財報資訊時，第一優先會找損益表來看，確認營業收入、營業毛利或EPS數字如何，倘若有出現「創新高」的好表現，投資人的心就安了一半。謹慎點的投資人，會再對照資產負債表的數字，看看有無其他負面或可疑的資訊，但衝動點的投資人，可能在看到營收時，就準備錢進股市了。

　　然而，只看損益表和資產負債表做投資決策，風險不過比完全不看財報而靠聽明牌的投資人低一點。因為，屬於應計制的損益表和資產負債表都是可以「演」出來的，觀眾（投資人）想看什麼，公司管理階層就能寫出劇本，找妥演員（各種會計項目），演出一部部精彩絕倫的故事（EPS數字）。無論是要賺人熱淚的，抑或是敗部復活奮鬥記，應有盡有；但相對地，屬於現金制的現金流量表就「很難演」。因此，在四大財報中，最能幫助投資人一眼挑出好股和看出爛公司的報表，就是現金流量表。

打裂厚妝容，現金制的素顏才美

　　為什麼會計的應計制「好演」，現金制會「難演」呢？簡單地說，會計學上的應計制，強調「在公司經營的過程中，不管發生什麼事，都要如實記錄、就要做帳」，對初接觸會計的學生或投資人，可能會認為這個概念看起來，頗讓人信賴，覺得在凡走過必留下痕跡的詳細記錄後，企業經營一定很正派。可惜的是，會計的學問實在太大，各種會計項目的屬性也常有權變情事產生，使應計制反倒成為不良企業藏污納垢的最好工具。

　　舉例來說，當上市櫃企業對外公布本季或本年度營收創新高時，投資人可以看到在綜合損益表中的銷貨收入呈現大幅成長，亦能同步地看到資產負債表中的應收帳款數額跟著增加，因此感覺企業經營獲利的故事很符合邏輯。但是資產負債表中的應收帳款是一個累計的數字，它有營收創新高的部分，卻也可能包括許多早就收不回的呆帳，尤其是公司刻意地透過大量塞貨，做出亮麗的營收數字時，更是危險。千萬別以為這種情形只有發生在「少數的、惡性重大的地雷型企業」，因為這是一個上市櫃企業彼此間「心領神會而不多加言喻」的財報化妝術，差別只在於有些企業是偶而上妝或化點薄薄的裸妝，有些企業習於化個像「糊壁」似的濃妝。

2011年6月1日，宏碁（2353）發出一次認列1.5億美元（折合台幣約43億元）營運損失的重大訊息公告，讓投資人大為傻眼。原因就在於宏碁當時的義大利籍總經理蘭奇，向歐洲通路大塞貨，一方面有效降低帳上的庫存數字，打造宏碁零庫存神話；另一方面，在應計制基礎下，這些離家的貨品，都成為帳上的高營收和應收帳款，真可謂一魚兩吃。在問題未爆發前，宏碁經營團體及台股投資人都覺得蘭奇在歐洲通路上「很夠力」，宏碁「真是請來了個神人」，而股價也因此有很不錯的表現 。

沒想到，當宏碁的年度稽核團隊來到歐豬三國——義大利、西班牙及葡萄牙時，竟發現通路業者手上的庫存水位高到嚇人，庫存天數是正常值的3倍以上。這3個歐債風暴重災區的國家，因為債台高築及經濟成長大幅衰退，含電腦在內的消費市場本就岌岌可危，但蘭奇為創出好看的營收和市占率，還是向通路商大量塞貨。在市場消費力大減及消費性電子產品汰舊換新速度快的情況下，這些「寄在」通路商手上的存貨，面臨賣不出的困窘，掛在帳上的那些應收帳款 ，也陷入收不回來的命運，使得宏碁不得不忍痛一次認列龐大的損失 。

2013年11月5日，宏碁又認列99.43億元的無形資產減損，本業虧損25.7億元，導致第3季大虧131.2億元，單季EPS −4.82元。董事長兼執行長王振堂宣布請辭，36萬名投資人下巴掉到

水溝裡。8日，證交所以「未於事實發生時宣布訊息」，處10萬元罰款；但比照投資人的損失，著實是「小巫見大巫」。

遇到這種情況，真是連哭都來不及，而連宏碁這等規模的上市櫃企業都會出現這種情況，其他經營管理能力不如宏碁的企業，要是也化這麼重的妝，山崩的機率就更大了。所以，應計制下的財務報表固然「什麼都記」，卻也有一定的風險。你我等一般投資人沒能躲在企業管理階層辦公室的桌底下，不曉得他們將打算演出什麼劇碼，還是別太急著跟著走，因為公司不管營業收入數字做得再漂亮，要是沒有變成現金入帳，就等於沒有真正的賺到錢。

有現金流進，不一定就是好事

現金制的現金流量表之所以比應計制的其他報表難演，關鍵就在現金流量表的概念是「企業一定要有現金流入或流出」的經營行為才作數，而在報表所載的編製期間內，所有未產生現金的收入（如應收帳款、存貨），都要扣除；沒有支付現金的費用（如折舊、攤銷），亦要加回。這樣一來，才能看出企業經營是像公司自己公布或投資市場所預期的賺很大，或根本就是白忙一場。簡而言之，若從本期損益推導到營業活動現金（CFO）的數

值為正數，就表示這家企業的經營情況正常或良好；若為負數，就表示這家公司的經營情況出現警訊，必須再進一步仔細分析導致營業活動現金流變成負數的主要原因，是否確實與本業營運轉差有關。如果投資人沒有能力掌握現金流量變化的成因，至少請先保持戒心與觀望。

投資人要看出企業有沒有賺錢，必須先了解現金流量表的結構為何？從圖2-3-1，投資人便可了解現金流量表的組成要素、層次性及與損益表和資產負債表間的關係。不過，初次接觸現金流量表的投資人，可能會產生現金流入是好事，現金流出就是壞事的誤解。

營業活動現金（CFO）

在一般情形下，營業活動現金（CFO）流入，可以判斷為好事，因為CFO現金流入就表示企業努力經營，本業有賺取現金的能力，這是三個「現金流量」狀態裡，最好的一個，也是投資人在進行股市投資時，最具防禦能力的工具。但投資活動現金（CFI）及籌資活動（CFF）現金流入，就沒像CFO這麼好判斷，投資人必須「case by case」去看。

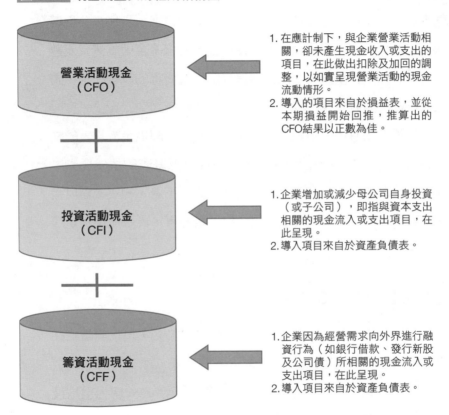

圖 2-3-1 現金流量表的組成結構圖

營業活動現金
（CFO）

1. 在應計制下，與企業營業活動相關，卻未產生現金收入或支出的項目，在此做出扣除及加回的調整，以如實呈現營業活動的現金流動情形。
2. 導入的項目來自於損益表，並從本期損益開始回推，推算出的 CFO 結果以正數為佳。

投資活動現金
（CFI）

1. 企業增加或減少母公司自身投資（或子公司），即指與資本支出相關的現金流入或支出項目，在此呈現。
2. 導入項目來自於資產負債表。

籌資活動現金
（CFF）

1. 企業因為經營需求向外界進行融資行為（如銀行借款、發行新股及公司債）所相關的現金流入或支出項目，在此呈現。
2. 導入項目來自於資產負債表。

投資活動現金（CFI）

如果投資人看到 CFI 的現金流入，是因為出售土地所得的話，除非該筆資金的運用為企業帶進本業賺錢的效益，尚可正面

看待，否則這筆現金流入，充其量只能算是子孫變賣祖產；假設CFI的現金流出，是為了增加資本支出，如添購機器設備，投資人必須進一步分析，這個擴廠或擴產決策有沒有為企業賺進明確且可觀的收益。如果有，就表示投資決策正確；要是愈投資愈虧錢，就表示決策失當。

籌資活動現金（CFF）

另外，CFF的現金流入也多半不是好事，例如為改善或維持經營狀態，向銀行借款，抑或為了企業擴張等各種因素，以發行新股或公司債方式向市場募資。可能投資人會納悶，為了有效經營，企業進行融資行為，有什麼不對？為什麼多半不是好事呢？以我當會計師的經驗來看，融資行為不是不行，但企業融資行為所產生的結果，不必然會使企業獲利，反而虧損更嚴重的情況，倒是不少。若投資人仔細觀察，便不難發現在台股市場中，CFI及CFF現金流入及流出都出現負面效益的企業，還真多。近年來，幾乎可視為教科書「聖經級」案例的，就是面板、DRAM等四大慘業。

就拿友達（2409）民國101年合併現金流量表（見圖2-3-2）來看，姑且先不說它本期淨損金額之大，畢竟面板業由雙星產業淪為慘業，也不是一朝一夕的事了。但從現金流量表中可見，

圖 2-3-2 友達光電合併現金流量表（民國101年）

友達光電股份有限公司及其子公司

合併現金流量表

民國一〇一年及一〇〇年一月一日至十二月三十一日

單位：新台幣千元

	101年度	100年度
營業活動之現金流量：		
合併總淨損	$　(55,907,004)	(61,447,050)
調整項目：		
折舊費用	74,242,523	87,361,532
攤銷費用	1,344,133	1,390,901
應付公司債折價攤銷及其他	699,122	581,880
本期淨退休金成本與提撥數之差異	(49,562)	(110,419)
採權益法認列之投資損失(利益)淨額	(347,211)	63,943
收到權益法被投資公司現金股利	184,988	651,486
處分及報廢固定資產及閒置資產損失淨額	388,638	115,533
處分投資利益淨額	(455,531)	(3,080,716)
金融資產及負債未實現評價損失	726,361	178,560
資產減損損失	4,799,673	479,966
未實現兌換損失(利益)	(2,932,596)	929,297
買回應付可轉換公司債利益	-	(686,972)
營業資產及負債之淨變動：		
應收票據及帳款減少	8,549,423	6,178,404
應收關係人款項減少	692,840	2,418,024
存貨淨額減少(增加)	5,221,982	(3,301,713)
預付款項(含長期預付材料款)及其他流動資產增加	(1,054,295)	(5,814,751)
遞延所得稅資產淨額增加	(341,102)	(4,492,695)
應付票據及帳款增加(減少)	2,353,411	(8,792,772)
應付關係人款項減少	(1,731,244)	(2,601,083)
應付費用、其他流動負債及其他負債增加	607,265	5,198,466
長期預收貨款減少	(1,278,574)	(704,701)
營業活動之淨現金流入	35,713,240	14,515,120
投資活動之現金流量：		
取得以成本衡量之金融資產價款	-	(30,000)
處分備供出售及以成本衡量之金融資產價款	356,790	155,091
採權益法之長期股權投資增加	(239,795)	(2,467,442)
處分採權益法之長期股權投資價款	523,544	3,840,423
採權益法之被投資公司減資退回股款	-	95,389
購置固定資產	(43,104,164)	(56,919,591)
處分固定資產及閒置資產價款	82,241	51,268
存出保證金減少(增加)	105,501	(224,489)
遞延費用及無形資產增加	(753,051)	(2,419,657)
受限制資產減少(增加)	(232,083)	3,712
取得子公司淨現金流入數	30,626	86,262
投資活動之淨現金流出	(43,230,391)	(57,829,034)

CFI現金流出

（續下頁）

圖 2-3-2 友達光電合併現金流量表（民國101年）　　　　（續上頁）

友達光電股份有限公司及其子公司

合併現金流量表(承前頁)

民國一〇一年及一〇〇年一月一日至十二月三十一日

單位：新台幣千元

	101年度	100年度
借款—CFF現金流入		
還款—CFF現金流出		
融資活動之現金流量：		
短期借款增加(減少)	(579,923)	3,104,515
買回應付可轉換公司債	-	(2,324,610)
舉借長期借款	46,323,730	89,647,542
償還長期借款	(47,160,810)	(39,218,750)
償還應付公司債	(3,555,819)	(6,111,207)
存入保證金增加(減少)	(23,806)	915,055
發放現金股利	-	(3,530,818)
子公司現金增資少數股權參與數	2,452,704	3,252,346
子公司減資少數股權參與數	(3,060,000)	-
少數股權現金股利及其他	(360,607)	101,867
融資活動之淨現金流入(出)	(5,964,531)	45,835,940
匯率影響數	70,705	(1,183,849)
本期現金及約當現金淨增加(減少)數	(13,410,977)	1,338,177
期初現金及約當現金餘額	90,836,668	89,498,491
期末現金及約當現金餘額	$ 77,425,691	90,836,668
現金流量資訊之補充揭露：		
本期支付利息	$ 5,407,859	5,397,145
減：資本化利息	316,087	504,761
不含資本化利息之本期支付利息	$ 5,091,772	4,892,384
本期支付所得稅	$ 1,000,359	1,172,641
不影響現金流量之融資活動：		
一年內到期之長期負債	$ 45,490,589	46,432,672
同時影響現金及非現金項目之投資活動：		
固定資產增加數	$ 38,539,904	54,883,840
應付購買設備款變動	4,564,260	2,035,751
購買固定資產支付現金數	$ 43,104,164	56,919,591
因合併主體變動影響現金流量表達，其資產負債明細如下：		
現金	$ (67,626)	(86,262)
非現金資產	(4,952)	(5,810,609)
負債	40	5,845,935
少數股權	35,538	50,936
本期取得合併個體現金支付數	(37,000)	
取得子公司現金數	67,626	86,262
取得子公司淨現金流入數	$ 30,626	86,262

即使連年虧損，友達卻仍然持續增加資本支出——購置固定資產（431.04億元），以擴產方式求生。同時，也陷入舉債和還債的惡性循環中，民國101年的新增長期借款達463.24億元，而償還的短期借款、長期借款及公司債合計則有512.97億元，出現CFI現金流出、CFF現金流入／流出，都出現負面效益的情況。而742.43億元的折舊費用，亦呈現出友達在機器設備上的包袱有多重。

三步驟速解現金流量表內涵

老話一句，投資人不是會計師，也不是要考分析師或會計師證照的學子，面對財報只要能看懂重點即可。所以，我在這裡不打算細說現金流量表到底是如何產生的，免得投資人及讀者對財報產生距離感，而怯於使用這項重要的投資決策工具。但是有些眉角，還是不得不說。

從現金流量表的結構來看，CFO是由本期損益開始回推計算，調整的會計項目依各公司情況而異，但折舊、權益法的投資損益、應收帳款／票據、存貨、應付帳款／票據，是每家企業都會有的調整項目，也多半是數額最大的。除非在營業活動現金部分有其他調整項目的數字極大，否則拿到現金流量表後，只要

按照下列步驟，檢視CFO這幾個項目，再視金額大小，「double check」一下CFI及CFF現金的流入與流出，就可以了解這家企業大致的經營情況。

步驟1：檢視期初與期末現金

上市櫃企業的帳上現金，除了在資產負債表出現之外，也同步會在現金流量表中呈現。倘若帳上期末現金比期初多，表示企業一整年下來，不管經營面或財務面如何折騰，至少還能留下現金，心就安了三分之一。要是兩者的金額差距很大，就可以放心一大半；倘若期末現金比期初少，而且減少的幅度不小，投資人就必須拿出放大鏡，好生看看企業的錢都流到哪去了！

步驟2：檢視金額重大的項目

翻過上市櫃企業財報的一般投資人都有個共同的心聲，那就是每個項目的數字都「長到不行」，讓人有看沒有懂。因此，建議大家看財報時，要懂得看數字間的比例關係，也就是挑大的看即可。在現金流量表的營業活動現金中，數額最大的幾個項目有折舊費用、權益法的投資損益、應收帳款／票據、存貨、應付帳款／票據；而增加／處分長期投資、購置／處分固定資產則是投資活動現金中的核心；籌資活動現金則以長短期借／還款、發行

／償還公司債、現金增資、支付現金股利為主。拿到現金流量表後，先不要被長長的數字龍嚇到，只要把這些重大的項目檢視過一遍就好。

投資活動和籌資活動現金中，會計項目代表的意義較為直接，如購置／處分固定資產，就是買進或賣出土地及設備，在此不多做說明。但營業活動現金部分所列出的會計項目，屬於「調整」項目，投資人易把它們在資產負債表及損益表中的意義產生混淆，故簡單說明如表2-3-1：

表2-3-1 營業活動現金的重大調整項目說明

調整項目	加減項／原因	其他說明
折舊費用	加項／沒有實質現金流出	愈高，表示企業有過多的機器設備。
權益法的投資損益*	利益為減項，損失為加項／沒有實質現金流動	企業底下轉投資的子、孫公司們，當年度經營成績的好壞。
應收帳款／票據增加	減項／沒有實質現金流入	愈大，表示企業有許多銷貨款項還在外流浪未歸，運氣差點的，可能有些帳款會變成呆帳。
存貨增加	減項／沒有實質現金流入	企業經營好壞的指標，存貨愈高，經營風險愈大。
應付帳款／票據增加	加項／沒有實質現金流出	代表企業未來仍有多少的進貨款項待付。

---

* 新制改稱為「採用權益法認列之關聯企業及合資損益之份額」。

步驟 3：匯整情況做出判斷

將第一、二步驟結果加以匯整之後，心中自然而然地就會浮現這家企業的經營概況，並可藉此輕鬆地做出投資決策。

只靠三個步驟？有沒有這麼神啊？在此，以上緯企業（4733）的現金流量表（見圖2-3-3）為例說明，大家不妨跟著看，或許就能有所感覺。

步驟1 檢視期初與期末現金（單位：新台幣千元）

期末現金為266,059－期初現金424,302＝－158,243

> 現金不見了約1.58億元，代誌不妙！
> 查看看現金跑去哪了？

步驟2 檢視金額重大的項目（單位：新台幣千元）

* 營業活動現金部分——應收票據增加135,625、應收帳款增加256,174、存貨增加65,704最多，而這三項增加都因沒有實質現金流入而遭到扣除，合計被扣除（457,503）。同時亦表示現金都卡在存貨和應收帳款，營收即使再好，但現金卻沒有進來，致使營業活動現金處於淨流出狀態（69,779）。

圖 2-3-3 上緯企業現金流量表（民國99年）

上緯企業股份有限公司及子公司

擬制性合併現金流量表

民國九十九年一月一日至十二月三十一日

（未經會計師核閱或查核）

單位：新台幣千元

民國九十九年度

營業活動之現金流量：	新制變化1：以稅前淨利為起點	
本期稅前淨利	$	197,832
調整項目：		
不影響現金流量之收益費損項目		
折舊費用		54,914
攤銷費用		10,621
利息收入		(6,508)
利息費用		13,305
處分及報廢不動產、廠房及設備利益		(710)
存貨跌價、報廢及呆滯損失		7,194
股份基礎給付酬勞成本		150
與營業活動相關之流動資產/負債變動數		
應收票據增加	步驟2-1	(135,625)
應收帳款增加		(256,174)
存貨增加		(65,704)
應付票據增加		25,204
應付帳款增加		130,342
遞延所得稅資產增加		(1,827)
其他營業資產負債增減		(10,314)
自營運產生之現金流出	新制變化2：揭露現金收現／支付數	(37,300)
利息收入收現		6,508
支付之利息		(12,756)
支付之所得稅		(26,231)
營業活動之淨現金流出		(69,779)
投資活動之現金流量：		
購買不動產、廠房及設備	步驟2-2	(394,545)
處分不動產、廠房及設備價款		1,764
購買無形資產		(19,692)
按攤銷後成本衡量之金融資產收回		40,246
收取之股利		1,955
投資活動之淨現金流出		(370,272)
籌資活動之現金流量：		
發放現金股利	步驟2-3	(202,230)
舉借短期借款		459,242
償還短期借款		(322,426)
舉借長期借款		375,000
員工執行認股權		2,702
籌資活動之淨現金流入		312,288
匯率變動對現金及約當現金之影響		(30,480)
本期現金及約當現金減少數	步驟1	(158,243)
期初現金及約當現金餘額		424,302
期末現金及約當現金餘額	$	266,059

註：本表為上緯企業因應 IFRSs 新制規範所擬制，與現行資訊公開觀測站中的舊制財報資料不同。

- 投資活動現金部分——資本支出增加，亦即購買不動產、廠房及機器設備花費394,545，屬於現金流出。
- **籌**資活動現金部分——長短期借款雖然合計流入現金834,242，但亦因發放現金股利及償還短期借款，共有524,656流出。

現金流出的數額遠比流入多，
且即使是有現金流入，也是借款負債。

步驟3　匯整情況做出判斷

　　即使不看損益表中的營收如何，從現金流量表中的資訊便可發現，上緯的本業仍處於燒錢的狀態，導致它必須向銀行借錢來擴廠，增加負債及利息壓力不說，擴廠能否帶來企業的生機，也還在未定之天。同時，為安定股東們的心，在本業沒辦法賺進現金的情況下，舉債來發放現金股利。這樣的企業，即使營收數字再亮眼，但營收一日無法轉化成現金，對一般投資人而言，就存在著風險。

　　不過，台股投資人往往有營收數字的迷思，只要看到營收「持續創新高」，就覺得是好的投資標的。可是，如果有企業的營收和本期損益不斷衝高，但CFO為負數，且「期末現金＜期

初現金」時，就表示現金一直沒有流入。當這兩者間的開口愈大，代表企業經營體質無法成功翻轉，就像時下偶像劇的名言一樣「再也回不去了」。企業只能像吸毒一樣，不斷地靠借款來燒錢經營，做出高營收數字來自我麻痺，等到哪天撐不住了，地雷立即就引爆。所以投資人要記得，只要看到現金總是流不進，CFO是負數的企業，就別碰。不要太好心地替企業找「公司可能只是今年的狀態不好，明年就會翻身大賺」的理由，畢竟一般投資人和企業老闆又不熟，別拿自己的辛苦錢和陌生人搏感情。況且，經營體質和績效真正良好的公司及企業主（如張忠謀），壓根就不會讓自家企業的CFO出現負數。

營收衝高背後的真相（單位：新台幣千元）

我們再來看一個現金流量的例子，F–金可（8406）是一家營收營運年年成長的公司，新聞媒體上也不乏這家公司的利多消息。投資人光是在綜合損益表裡（見圖2-3-4）看到高成長的營收，102年營收為4,879,059，103年營收則為5,782,870，成長了18.5%。不但如此，自2008年金融海嘯後，這家公司已經連續數年維持了近兩位數營收成長，102年每股盈餘15.67元，而103年每股盈餘15.64元，每年都賺了超過一個股本，投資人看了這個數字一定會讚嘆這家公司的營運表現。

圖 2-3-4 F-金可合併綜合損益表（民國103年）

GINKO INTERNATIONAL CO., LTD.及其子公司

合併綜合損益表

民國一〇三年及一〇二年一月一日至十二月三十一日

單位：新台幣千元

		103年度		102年度	
		金額	%	金額	%
4000	營業收入（附註六(十七)及七）	$ 5,782,870	100	4,879,059	100
5000	營業成本（附註六(四)及(十四)）	2,309,316	40	1,890,269	39
	營業毛利	3,473,554	60	2,988,790	61
	營業費用（附註六(三)、(六)、(七)、(八)、(十四)及(十五)、七、九及十二）：				
6100	推銷費用	969,405	17	875,457	18
6200	管理費用	640,211	11	548,698	11
6300	研發費用	79,459	1	63,468	1
	營業費用合計	1,689,075	29	1,487,623	30
	營業淨利	1,784,479	31	1,501,167	31
	營業外收入及支出（附註六(十)、(十八)及七）：				
7010	其他收入	71,720	1	95,543	2
7020	其他利益及(損失)	(40,854)	(1)	43,464	1
7050	財務成本	(84,450)	(1)	(44,213)	(1)
	營業外收入及支出合計	(53,584)	(1)	94,794	2
7900	繼續營業部門稅前淨利	1,730,895	30	1,595,961	33
7950	減：所得稅費用（附註六(十三)）	284,128	5	175,899	4
8200	本期淨利	1,446,767	25	1,420,062	29
8300	其他綜合損益：				
8310	國外營運機構財務報告換算之兌換差額	264,382	5	296,081	6
8399	減：與其他綜合損益組成部分相關之所得稅	-	-	-	-
8300	其他綜合損益（稅後淨額）	264,382	5	296,081	6
8500	本期綜合損益總額	$ 1,711,149	30	1,716,143	35
9710	基本每股盈餘（單位：新台幣元）（附註六(十六)）	$ 15.64		15.67	
9810	稀釋每股盈餘（單位：新台幣元）（附註六(十六)）	$ 15.45		15.46	

不過，本書的讀者都是深度思考的投資人，應該會想想案情是否如表面的那麼單純？我們再來看看F-金可的現金流量表（見圖2-3-5），依照之前提過的三步驟，一一拆解現金流量表

圖 2-3-5 F–金可合併現金流量表（民國103年）

GINKO INTERNATIONAL CO.,LTD.及其子公司

合併現金流量表

民國一○三年及一○二年○月○日至十二月三十一日

單位：千元

		103年度		102年度	
		人民幣	新台幣	人民幣	新台幣
營業活動之現金流量：					
稅前淨利	$	351,793 $	1,730,895	330,290	1,595,961
調整項目：					
不影響現金流量之收益費損項目					
折舊費用		72,872	358,532	49,780	240,537
攤銷費用		4,145	20,394	3,414	16,496
呆帳費用提列數		24,910	122,557	11,687	56,472
利息費用		17,164	84,450	9,150	44,213
利息收入		(8,908)	(43,827)	(5,497)	(26,562)
處分及報廢不動產、廠房及設備損失		621	3,055	625	3,020
員工認股權酬勞成本		-	-	120	580
預付土地租金攤銷		432	2,126	391	1,889
金融負債未實現評價損失(利益)		1,888	9,290	(148)	(715)
不影響現金流量之收益費損項目合計		113,124	556,577	69,522	335,930
與營業活動相關之資產／負債變動數：					
應收票據增加		(3,519)	(17,919)	(603)	(2,966)
應收帳款增加		(306,642)	(1,561,421)	(267,845)	(1,317,530)
應收帳款－關係人增加		(294)	(1,497)	(9,288)	(45,688)
其他應收款增加		(7,701)	(39,213)	(336)	(1,653)
其他應收款－關係人增加		(3,896)	(19,838)	(11,412)	(56,136)
存貨增加		(32,286)	(164,400)	(105,895)	(520,898)
預付款項(增加)減少		9,934	(50,584)	6,973	34,300
其他流動資產增加		(2,461)	(12,531)	(841)	(4,137)
應付帳款(減少)增加		(25,196)	(128,298)	16,950	83,377
其他應付款增加(減少)		852	4,339	(13,209)	(64,975)
其他應付款－關係人減少				(346)	(1,702)
負債準備(減少)增加		(19,944)	(101,555)	13,691	67,346
營運產生之現金流入		53,896	194,555	27,651	101,229
支付所得稅 **步驟2-1**		(60,972)	(299,994)	(38,538)	(186,216)
營業活動之淨現金流出		(7,076)	(105,439)	(10,887)	(84,987)
投資活動之現金流量：					
取得不動產、廠房及設備		(151,400)	(770,928)	(242,332)	(1,196,998)
處分不動產、廠房及設備		-	-	2,238	15,972
取得無形資產		(163)	(806)	(19,472)	(95,782)
長期應收款項增加		(10,511)	(53,522)		
其他流動資產減少(增加)		133,632	680,454	(135,232)	(665,206)
其他非流動資產增加		(175)	(891)	(476)	(2,341)
預付設備款增加		(93,780)	(477,529)	(45,671)	(224,656)
收取之利息 **步驟2-2**		8,908	43,827	5,497	26,562
投資活動之淨現金流出		(113,489)	(579,395)	(435,448)	(2,142,449)
籌資活動之現金流量：					
短期借款增加		355,459	1,809,997	195,894	963,603
舉借長期借款		29,458	150,000	25,615	126,000
償還長期借款		-	-	(54,889)	(270,000)
發放現金股利		(126,649)	(609,564)	(92,108)	(451,515)
員工執行認股權		2,342	11,601	4,090	19,541
庫藏股票買回成本		(19,637)	(96,617)	-	-
發行公司債		-	-	412,684	1,994,500
支付之利息 **步驟2-3**		(13,296)	(65,421)	(6,774)	(32,733)
籌資活動之淨現金流入		227,677	1,199,996	484,512	2,349,396
匯率變動對現金及約當現金之影響		(13,655)	24,243	(19,902)	58,304
本期現金及約當現金(減少)增加數		93,457	539,405	18,275	180,264
期初現金及約當現金餘額		367,192	1,806,217	348,917	1,625,953
期末現金及約當現金餘額	$	460,649	2,345,622	367,192	1,806,217

步驟1

現。先看期末現金 2,345,622 與期初現金 1,806,217，全年增加了
539,405 的現金流量，相較於稅前淨利 1,730,895，現金流量剩下
三分之一，維持了正數，也達到了我們分析第一步的低標。

　　再來我們看看營業活動現金流的表現。103 年整體流出了
105,439 的營運現金，研究現金流出項目，主要是集中在應收帳
款增加 1,561,421，存貨增加 164,400，應付帳款減少 128,298，三
項就流出了 1,854,119，比稅前淨利還高，現金都被應收帳款跟
存貨吃掉了，難怪營運活動沒有辦法產生現金流入。不但如此，
這家公司 102 年營運活動現金流也是流出了 84,987，同樣是因為
應收帳款與存貨增加導致的不良結果。

　　接著看這家公司 103 年投資活動流出了 579,395，102 年更流
出了 2,142,449，營運活動卡在應收帳款跟存貨裡面，公司每年
還有為數不小的投資流出，產生讓公司維持現金流正數的項目來
自於籌資活動的短期借款 1,809,997。各位讀者看到這裡，就應
該明白，拿短期借款來支應投資支出、應收帳款與存貨所需要的
現金，這家公司分明是一個大錢坑。

　　類似這樣的公司很多，縱使營收持續成長，EPS 還能賺一個
股本，但是現金流量表現有問題，應收帳款週轉率與存貨週轉率
逐年下降（見表 2-3-2），應收帳款週轉天數與存貨週轉天數逐
年上升，使得盈餘品質轉壞，這樣的公司只要景氣稍微波動，營

表2-3-2 **F－金可週轉率、週轉天數表現**

期別	103年	102年	101年	100年	99年
應收帳款週轉率（次）	1.31	1.67	1.56	1.79	1.69
存貨週轉率（次）	1.79	2.08	2.48	2.62	2.60
應收帳款週轉天數（天）	279	219	234	204	216
存貨週轉天數（天）	204	175	147	139	140

收成長一停滯，很快就會出現虧損。原本高成長營收產生的高股價，隨即變成快速下跌的股價，投資人就上了只看營收不看現金流量與盈餘品質的當了。

新制可自選分類，人為操作空間加大

在第1章及本章資產負債表及綜合損益表等二個小節中，都提到IFRSs新制實行後，將提供公司管理階層更多的空間去給財報化妝，這個情形在現金流量表中也不例外。IFRSs新制讓利息及股利收入，從原制的營業活動現金（CFO）項下，轉為CFO和投資活動現金（CFI）皆可；利息及股利支出的部分，也成為CFO及籌資活動現金（CFF）皆可（如表2-3-3：利息與股利收入／支出的分類轉變）。

表2-3-3 **利息與股利收入／支出的分類轉變**

項目	IFRSs	舊制
收入類		
利息收入	CFO or CFI	CFO
股利收入	CFO or CFI	CFO
支出類		
利息費用	CFO or CFF	CFO
股利支出	CFO or CFF	CFF
所得稅支出	CFO[註]	CFO

註：除非與投資或籌資活動相關者，否則皆置於CFO。

　　一般而言，企業的管理階層將利息及股利等收入，列為CFO的調整項目，會比CFI的加項效益大。因為若在收現的情況下，這些收入可以美化CFO數字，讓市場對企業的評價提高。所以，IFRSs新制雖然提供CFO和CFI兩個選擇，但在正常及符合經濟理性的考量下，企業管理階層勢必選擇與舊制相同的CFO，做為利息及股利收入的歸宿；而支出部分的概念亦同，將利息及股利支出放在CFO，會使CFO現金流入減少，萬一數額龐大，CFO金額由正轉負也不無可能，但要是放在CFF，問題就都解決了。就拿台灣高鐵為例，特別股股利率高達9.5%（2003年募集），若列在CFO項下，營業活動現金缺口只怕是深到難以

測量。

　　雖然在企業管理階層操作方式的實務觀察上，IFRSs新制與舊制的變化不大，但由於可以自行選擇分類方式，導致同一產業的公司之間，因為列計方式不同，無法進行自由現金流量（CFO － CFI）的比較，不免增添投資人判斷上的隱憂。

權益變動表

　　一口氣看完資產負債表、綜合損益表和現金流量表等三大財務報表的解讀撇步後，可能大夥急著翻到後面的篇章，細讀IFRSs新制對台股投資的相關衝擊有哪些？但先別急，花個五分鐘，把權益變動表（IFRSs新制下，股東權益變動表更名為權益變動表）在投資評估上的功能，一併學起來，讓它在投資評估的關鍵時刻，發揮最準確的「拍板定案」作用。

　　權益變動表可說是資產負債表中股東權益部分的延伸，主要在說明股本（普通股、特別股）、資本公積、保留盈餘及其他股東權益調整四大項目，在當期／當年度產生那些變化，如圖2-4-1。不同的事件，會對這四大項目產生個別的影響數。例如現金增資溢價發行時，普通股股本、資本公積會增加（如事件1）；企業發放現金股利時，保留盈餘項下的未分配盈餘就會出現減項數字（如事件2）；盈餘轉增資股票股利時，普通股股本會增加，但未分配盈餘會減少（如事件3）；備供出售金融資產出現

圖 2-4-1 權益變動表結構關係

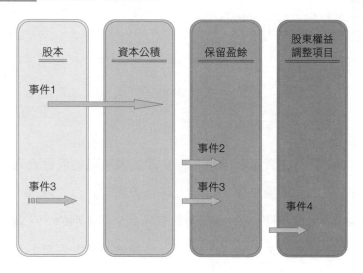

未實現跌價損益時,則在股東權益調整項目揭露(如事件4)。因此,投資人可以很清楚地看出,個別事件對股東權益影響層面的多寡及其金額高低,以及企業如何進行盈餘的分配。

不過,雖然就會計專業而言,權益變動表是相當重要的財務報表,但對一般投資人,權益變動表的參考價值低於前三大報表。因此,在檢視權益變動表時,只需掌握以下兩大訣竅:

訣竅1：挑出重點放大看

以視覺的舒適度來看權益變動表，它是四大財務報表中，最「友善」的一個，因為它沒有太多密密麻麻的數字，且呈現方式最清晰。一般情況下，當權益變動表內的資訊愈少，就代表當期企業的股東權益較單純，如圖2-4-2。

翻開上市櫃企業權益變動表後的第一個觀測重點，就是先依序確認表中的股本（普通股、特別股）、資本公積、保留盈餘及其他股東權益調整四大項目，其期初、期末金額有無不同。若發現金額有不同時，再個別檢視每一欄的數據出現什麼較特別的變化。在四大項目中，以股本的變化最小，因為若非有增資、減資、特別股轉換、收回或註銷庫藏股等情況，絕大多數企業期初、期末普通股股本金額會相同。

以漢微科（3658）的合併權益變動表為例（如圖2-4-2），就可輕易找出對投資人較有參考價值的四大看點。首先，是民國101年普通股股本期末金額比期初金額多了6,000萬元，原因無他，就是當年度有進行現金增資；再者，將現金增資資訊打橫檢視，就可發現漢微科在增資時，因為受到資本市場的高度肯定，獲得多達11.88億元的普通股溢價，讓漢微科在取得總計12.48億元現金的同時，股本僅有微幅膨脹，極漂亮地完成了增資；最

圖2-4-2 漢微科合併權益變動表（民國101年／102年）

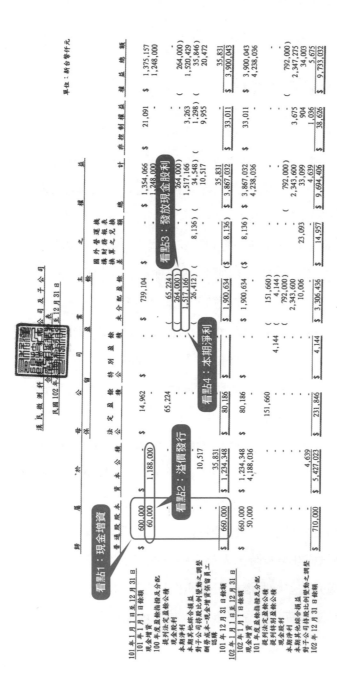

單位：新台幣仟元

漢民微測科股份有限公司及子公司
合併權益變動表
民國102年度及101年度 至12月31日

複附合併財務報告附註為本合併財務報告各之一部分，請併同參閱。

董事長：許金榮　　　　　　　　經理人：招允佳　　　　　　　　會計主管：沈本康

116

後，則是在營運情況良好及現金充足下，發放2.64億元的現金股
利，回饋給股東，並在101年繳出15.17億元淨利的好成績。

訣竅2：出現虧損仔細看

　　企業經營不會天天在過年，只賺不賠，當遇到有虧損，有時
會需要以多年累積下來的資本公積或法定盈餘公積適時彌補虧
損。以昇揚科（3561）民國101年第2季的合併權益變動表進行
分析（圖2-4-3），可發現除了因特別股轉換成普通股，讓股本
呈微幅增加外，民國101年1月1日累積虧損6.52億元，它在民
國101年上半年，又出現6.10億元虧損。於是，企業便將以往提
撥的2.25億元法定盈餘公積和溢價發行所得的4.42億元資本公
積，與保留盈餘的累積虧損互相抵銷。

　　這種「東牆西補」策略可使整體的股東權益金額不變，而管
理階層又能透過內部會計帳務的對沖，直接將部分虧損的事實擠
出帳外。而這種公積彌補累計虧損的對沖方式，屬於技術高段、
不會特別對外說明的「內心戲」，唯有在權益變動表中，才能看
出蛛絲馬跡。

　　所以，雖然權益變動表中的資訊，很多都可在前三大財務報
表中同步取得，但還是建議投資人在翻開企業財務報表時，別忘

圖2-4-3 昇揚科合併權益變動表（民國101年第2季）

單位：新台幣千元

催總經理、主辦會計或主辦會計人員簽章
昇陽光電科技股份有限公司暨其子公司
合併權益變動表
民國一〇二年及一〇一年四月一日至六月三十日

附屬於本公司業主之權益

注意1：出現本期淨損

注意2：用公積補虧損

項目	普通股股本	特別股股本	資本公積	法定盈餘公積	特別盈餘公積	未分配盈餘	國外營運機構財務報表換算之兌換差額	備供出售金融資產未實現損益	合計	員工未賺酬薪	庫藏股	其他	合計	非控制權益	權益總額
民國一〇一年一月一日餘額	$2,370,394	300,000	6,907,677	224,651	7,500	(651,697)	(1,791)	(1,298,583)					7,858,151	621	7,858,772
本期上半年底淨損						(610,490)							(610,490)	(19)	(610,509)
本期其他綜合損益							(24,074)	(4,372)					(28,446)	(158)	(28,604)
特別股轉換	20,000	(20,000)													
特別盈餘公積提撥					(5,709)	5,709									
公積彌補虧損			(441,776)	(224,651)		666,427									
民國一〇一年六月三十日餘額	$2,390,394	280,000	6,465,901		1,791	(590,051)	(24,074)	(1,302,955)					7,219,215	444	7,219,659
民國一〇二年一月一日餘額	$2,890,394	280,000	7,261,720	280,000	1,791	(1,795,833)	(27,286)	(1,559,815)					7,050,971	414	7,051,385
一〇二年上半年底淨損						(438,988)							(438,988)	(11)	(438,999)
本期其他綜合損益							7,948	86,348					94,296	13	94,309
可轉換特別股轉換	280,000	(280,000)												2	
限制員工權利股票	33,300		29,143									(37,556)	23,437		23,437
公積彌補虧損			(1,816,338)			1,816,338									
民國一〇二年六月三十日餘額	$3,203,694		5,474,525		1,791	(418,483)	(19,338)	(1,473,467)			(1,450)		6,729,716	416	6,730,132

董事長： 總經理： 會計主管：

（神揚股份合併財務季報告附註）

了多看權益變動表一眼，因為這類「虧損彌補」的訊息，只有在這裡看得到。

　　最後，我要特別說明，由於本表舊制與IFRSs新制差異不大，僅名稱由「股東權益變動表」，改為「權益變動表」。其他相關差異皆於綜合損益表中說明，故本節不再贅述。

Chapter

3

IFRSs新規定新衝擊

　　會計制度的轉變一定會改變市場遊戲規則，本書並不是一份 IFRSs 新舊制教科書的對照表，反而旨在透過財報的分析與介紹，讓一般投資人能夠從財務報表的點線面切入投資標的之分析，同時加入一些 IFRSs 導入後較為重要的新觀念。

　　IFRSs 是從資產負債表的變化差異來得到綜合損益表的結果，這與傳統 GAAP 是從損益表的變化，進而影響資產負債表的過程，有很大的差別。這樣的轉變，提醒了我們，除了以往最在意的營收、稅後淨利、EPS 外，亦應將焦點放在資產負債表的品質。

　　就公布時間點而言，IFRSs 取消了傳統的半年報，並且 1 到 3 季僅只有會計師核閱，等到年報的時候會計師才會進行較為深入的查核。因此市場上對於 102 年以後的年報，等待的是經過查核的數字，以及那些會計項目中的明細。

　　查核時若有財報上的意見，或是資產負債表當中的會計項目發生大幅度的價值變動，都會直接反映在綜合損益表當中，這種由於核閱與查核之間，所產生的損益波動，預期將會集中在年報公布之時，是投資人必須注意到的一大改變。

　　因此本章挑選了轉投資、金融資產、存貨、負債準備、商譽等等主題，提出在 IFRSs 新制之下，投資人需要認識的會計常識，讓你對這些會計項目如何影響綜合損益表的 EPS，有更進一步的認識。

千變萬化的轉投資

有別於其他國家股市投資者絕大多數都是法人，台股則是以散戶居多，因此讓台股投資成為一門顯學，人人都有一套自己的選股之道。有的投資人偏愛「家大業大」的上市櫃企業，例如股市聞人阿土伯、知名藝人張菲及小 S 的公公，都是鴻海的鐵桿粉絲；有的投資人喜歡「輕薄短小」的中小型上市櫃公司，覺得它們包袱小、股價飆得動，容易快速看到財富累積效果。

其實，大型集團企業或中小型公司哪個對投資人較好？即使是縱橫股市數十年的投資高手（如華倫巴菲特等），也都無法斷言，得視個別投資人的投資屬性及操作方式而定。但從財務報表的觀點來看，無論企業規模的大小，都適用同一個法則，就是它的「資訊清楚與否」。

能夠在財務報表上把企業經營狀況說得愈清楚者，表示對投資人較友善；相對地，總是在財務報表上出盡花招或是遮遮掩掩的企業，投資人就要小心謹慎些。在多年的會計師生涯中，我發

現台股企業很常在轉投資上「搞怪」，尤其是IFRSs新制要求企業財務報表都要以合併概念編列後，企業在轉投資上「欲語還休」的情況就更多了。

企業轉投資操作空間多

在前一章中，曾提到母公司持有轉投資企業股份達50%以上者，必須將轉投資的子公司資產、負債、營收等所有經營資訊併入合併財務報表中。這對部分會刻意把負面資訊，像是高額的負債、收不到的應收帳款或賣不掉的存貨等，藏在轉投資公司的上市櫃企業大為不利，因此有些企業在進行轉投資前的股權規劃時，會將轉投資公司持股安排在50%以下，使母公司和轉投資公司的關係，從母子公司降級成關聯企業。而為了能繼續掌握轉投資公司的經營大權，持股往往處於45%至49.99%的微妙區間。不過，太過直接且大刺刺地下調轉投資公司持股的方式，難免過於粗糙。因此，有些更有心的企業是透過多層次的交叉轉投資方式降低持股。

一般而言，上市櫃企業的轉投資樣態可大分為直系血親型、社團友好型和社群交錯型三種，其中以直系血親型最容易理解，以社群交錯型最有操作空間。

投資樣態1：直系血親型

上市櫃企業以轉投資公司方式拓展經營版圖和提升市場競爭力，是在所難免的事，而母公司與轉投資公司間的關係愈直接、愈單純，往往表示母公司與轉投資公司一起為本業打拚的力道最足。在台灣由於製造業為了將廠房移轉至大陸，過去多採以子公司方式對大陸投資，台灣母公司接單，而子公司則單純生產製造。

如圖3-1-1的情形1，母公司對兩家子公司持股比重極高，呈現如「父→子→孫」般的直系關係，母公司的合併財報務表也因為併入兩家子公司的經營情況，得以更清楚且忠實地呈現三家公司的經營情況。這種型態的轉投資，由於有「打斷骨頭連著筋」的密切性，在長期投資環節上搞怪的可能性最低。

至於情形2的子公司雖多，但母子公司間仍屬直系關係，且持股比重都在50%以上，即使較複雜些，也不過是「子孫多且都住在同一屋簷下」，子孫公司的經營情形，可在IFRSs新制下的合併財務報表中，一覽無遺。

圖 3-1-1 直系血親型的轉投資關係

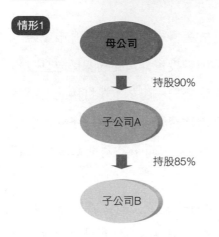

情形1

母公司

持股90%

子公司A

持股85%

子公司B

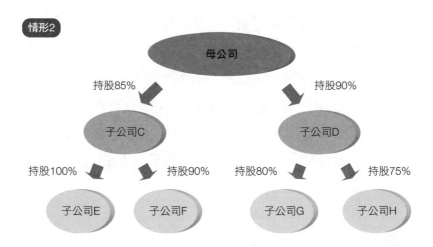

情形2

母公司

持股85%　　　　　　　　　　　　　持股90%

子公司C　　　　　　　　　　　　子公司D

持股100%　　　持股90%　　　持股80%　　　持股75%

子公司E　　　子公司F　　　子公司G　　　子公司H

像是影音軟體大廠訊連（5203），就是以直系血親型樣態進行轉投資的上市櫃企業代表案例。從民國101年度合併財務報表可獲知，訊連對四家轉投資子公司的持股，長期以來都是100%，而由CyberLink International Technology Corp.再進行轉投資的日本公司（即訊連的「孫公司」），持股也一樣是100%。子公司的業務經營與母公司高度相關，且由設置地點可知，子孫公司是為了拓展母公司本業在美、歐、日等市場版圖而存在（如圖3-1-2）。

圖3-1-2 訊連科技轉投資情形

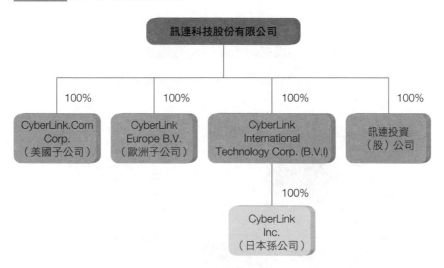

註：本圖以民國101年12月31日訊連科技所持股權百分比為例。
資料來源：公開資訊觀測站

投資樣態2：社團友好型

上市櫃企業會採取社團友好型的樣態進行轉投資，原因不外乎二種，一是本身想要轉投資，可運用於轉投資的資金卻有限，無法獨力負荷，便找志同道合者一起參與；另一種情況是企業雖有充足資金，但依經營管理的需求，採取必要的分散風險策略，因而找盟友加入。再者，社團友好型的轉投資樣態常比直系血親型來得多元，也就是可聚焦於與本業直接相關的轉投資，也可以是非本業的轉投資。同時，在持股比例的運作上，也比較有彈性。

如圖3-1-3的情況，乍看之下，會以為母公司只有對子公司A的持股比重高，而需要將子公司A的經營情況納入合併財務報表中，可是細算之後會發現，母公司在表面上雖然只持有子公司

圖3-1-3 社團友好型的轉投資關係

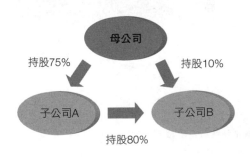

※共同持股90%在判斷子公司B是否須併入合併報表：
80% + 10% = 90%

※母公司對子公司B淨利可享有之比例：
75% × 80% + 10% = 70%

※90%、70%二種比率，各有其意義

B 10%的股權，但因為母公司對子公司A的持股超過50%，而子公司A對子公司B持股80%也就是母公司間接地控制子公司B的股權80%，故共同持股合計達90%，使得母公司對子公司B擁有實質控制力，所以也必須把子公司B的經營情況計進母公司合併財務報表裡。

再以圖3-1-4為例，列入義隆電子（2458）合併財務報表有義隆投資等11家子孫公司，子公司義隆投資除了有轉投資榮誠科技等公司（屬義隆電的孫公司），亦有投資同列為子公司的義傳科技、義晶科技及一碩科技，使義隆電子與子孫公司

圖3-1-4 **義隆電子及其子公司間的投資關係摘錄**

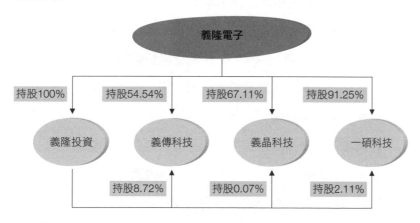

註：義隆電子101年12月31日併入合併財務報表之子孫公司共有11家，但為方便以圖表說明投資關係，故僅摘錄部分轉投資公司說明之。

資料來源：公開資訊觀測站

間的投資關係，在直系血親型態外，還有子公司相互投資的社團友好型態，也讓義隆電子對義傳科技、義晶科技及一碩科技的實際持有股權，還需加計義隆投資的部分，故為63.26%（54.54%＋8.72%）、67.18%（67.11%＋0.07%）、93.36%（91.25%＋2.11%）。

投資樣態3：社群交錯型

當上市櫃企業的轉投資發展成社群交錯型時，投資人想要完整解讀企業財務報表的難度大增。以圖3-1-5而言，若只發展至情形1的母子公司相互投資，兩家公司間的投資關係還算好理解；當演變至情形2及情形3，而且子公司的家數多（甚至包括每個子公司底下的孫公司），又採取交錯投資時，企業多數已發展至集團化及多角化的經營模式，母、子、孫公司間的投資關係就比蜘蛛網還縝密難解。

就情形3來看，三家公司彼此間的持股變得複雜，母公司對子公司D、E淨利可享有的比例，必須透過交叉計算，才可得知。母公司對子公司D淨利可享有的比例76%，等於母公司直接持股70%及間接持股30%×20%＝6%；同樣地，母公司對子公司E淨利可享有的比例72%，等於母公司直接持股30%及間接持

圖 3-1-5 社群交錯型的轉投資關係

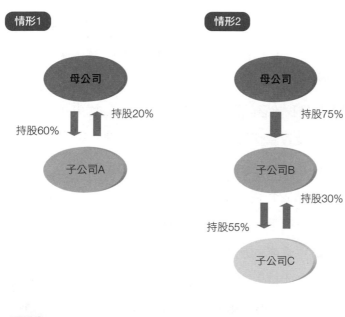

情形1

母公司

持股60% ↓↑ 持股20%

子公司A

情形2

母公司

↓ 持股75%

子公司B

持股30%

持股55% ↓↑

子公司C

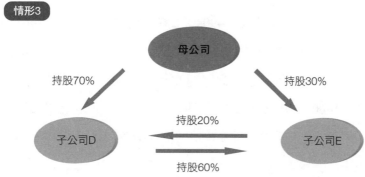

情形3

母公司

持股70% ↘   ↘ 持股30%

子公司D   子公司E

持股20% ←
→ 持股60%

股70%×60% ＝ 42%。瞧！光是寫這段小小的說明，都覺得拗口萬分，還沒開始算呢！況且，這還是「只有三家」母子公司彼此交叉持股的情況，要算清對子公司淨利可享有比重就已經很麻煩，更別說台股市場中，大型上市櫃企業旗下數十家公司之間，令人眼花的轉投資操作。

　　別以為是我故意說得這麼恐怖來嚇人，以遠東新（1402）與其子公司的投資關係圖為例（圖3-1-6），母、子公司間的關係就像極了IC電路板。除非是有專業加持的會計師，一般投資人或台股分析師看到這樣「企業族譜」，就等同進了迷宮，在不同的投資比重裡暈頭轉向。雖然遠東新的採用權益法之投資、非控制權益占資產的比率較高（如表3-1-1），在台股中名列前茅。但是慶幸的是，遠東新為台灣50成分股，三大法人持股比例約22%；子公司數量雖多（含設置於海外及大陸子公司），其中包括了上市公司遠傳（4904）；在合併資產負債表中463億元的採用權益法之投資中，亦包括亞泥（1102，持股比例26%）、遠百（2903，持股比例21%）、東聯（1710，持股比例27%）、宏遠（1460，持股比例27%）四家上市公司，四家合計金額已達281億元，使資訊揭露程度尚高，較不會有令人心驚的不當情事發生。

圖3-1-6 上市櫃企業轉投資關係圖（以遠東新世紀為例）

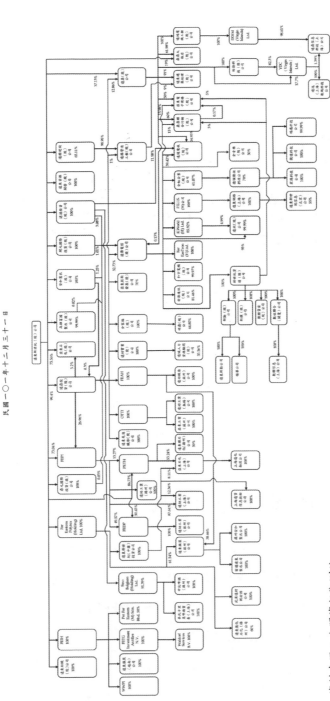

遠東新世紀股份有限公司及其子公司

投資關係圖

民國一○一年十二月三十一日

表3-1-1 **遠東新的採用權益法之投資、非控制權益情況**

單位：新台幣千元

民國101年12月31日遠東新（1402）財報資訊				
財報資訊	採用權益法之投資		非控制權益	
	金額	%	金額	%
母公司資產負債表	142,335,329	77	–	–
合併資產負債表	46,274,631	14	61,474,219	18

但是，其他轉投資公司眾多的上市櫃公司，未必都像遠東新為多家上市公司的控股公司，有些更吝於在財務報告書中揭示族譜，而母公司對轉投資公司持股在50%邊緣徘徊或更低者，也大有人在，使其轉投資公司的經營情形仍藏於企業主的口袋中，未對大眾公開。碰上這樣的企業，即使營收獲利的故事再怎麼誘人，投資人仍應持保留態度為上策。

從財報附註中看出端倪

那麼，投資人要如何知道上市櫃企業的轉投資公司有哪些？在合併財務報表上，那一串名為「列入合併報表之所有子公司」之外，又該怎麼判斷企業有無規避IFRSs新制編列合併報表的規定，將子公司藏起來呢？

　　首先，投資人可以先依第2章所述，確認企業的合併資產負債表中，有無採用權益法之投資存在？若無，就表示企業對轉投資公司的持股都在50%以上，子公司的資產、負債及營收等經營實況，都已併入企業的合併財務報表中；若帳上還有採用權益法之投資（持股20%至50%），且金額占總資產比重不小時，就應直接翻到股東會年報或合併財務報表後半段的附註揭露事項，細看轉投資相關資訊的說明。如果發現企業列出的轉投資公司家數多、企業的持股比重集中在40%至49.99%，且子孫公司間交錯投資關係複雜者，代表這家公司有可能蓄意隱匿轉投資公司的資訊。

　　從會計學及管理的角度來看，當企業的轉投資公司數量達10家時，可說是拓展版圖及經營管理的最適規模；數量上升到20家時，雖能收到轉投資帶來的經營綜效，卻也可能會面臨管理和投資的瓶頸。而除了少數經營管理已臻化境的優質企業外（如台積電等台灣50或中型100成分股），上市櫃企業的轉投資公司超過20家後，除了是營收、獲利引擎的核心子孫公司外，其他子孫公司對母公司營收和獲利的貢獻可能開始降低，甚至出現相互拖累的情況。

　　要是企業母、子、孫公司的交錯投資比重高，再碰上產業景氣不佳的話，這家上市櫃企業多半已進入「不是不爆，只是時候未到」的危險區域了。

金融資產／工具的衡量

　　台語有句俗話說：「人兩腳，錢四腳」，意指人再怎麼努力工作打拚，都追不上鈔票被消耗的速度；但也有一個說法是人們工作賺得的財富，遠不如「用錢賺錢」來得快。因此，在台灣經濟及資本市場開始起飛的70年代，民眾開始湧進台股中，學習如何用錢賺錢，上市櫃公司自然也不例外，只是坊間的台股投資工具書及專業性財經報紙都甚少著墨，讓投資人也跟著忽略。

　　所謂的上市櫃公司「用錢賺錢」，就是第2章時曾提及的上市櫃公司轉投資持股在20%以下的金融資產（前文表2-1-3）。這個部分的轉投資，無須編入合併報表，也不必採用權益法衡量，可避掉轉投資經營損益或負債的認列，再加上對轉投資公司的持股比重低，「感覺上」對市場及投資人最在意的每股盈餘（EPS）影響不大，大家也就不太關注，將它很單純地視為企業法人的股票投資行為，覺得能產生業外投資收入當然最好；否則，只要沒有重大虧損即可。

　　然而，金融資產對EPS的影響真的不大嗎？投資人可以只把它當成企業法人的股票投資就好嗎？

📖 會計實務上的金融資產分類

　　透過損益按公允價值衡量之金融資產──可隨時在公開市場上經常買進及賣出的股票、債券等金融資產（俗稱經常交易的金融資產，以下稱之）

　　備供出售金融資產──計畫較長期持有的金融資產。

　　持有至到期日金融資產──有積極意圖及能力持有至到期日的債券。

　　以成本衡量之金融資產──無活絡市場公開報價、公允價值無法可靠衡量之金融資產。

潛藏損益多，EPS影響大

　　就102年第1季的上市櫃企業財報數字進行分析，不難發現有些企業的備供出售金融資產未實現損益，一旦實現，將會大幅提升或嚴重衝擊到EPS。例如，食品大廠卜蜂（1215）合併資產負債表上的備供出售金融資產價值為21.2億元（占總資產比重

22%），係子公司開曼沛式有限公司持有於泰國證券交易所掛牌之股票——CPF(Charoen Pokphand Foods)，成本僅為2.13億元，若將未實現評價利益19.07億元處分，發現可貢獻出EPS達8.22元；扣件業者春雨（2012）合併資產負債表上的備供出售金融資產3.72億元雖只占總資產比重3%，係投資中宇環保（1535），若將其未實現評價利益3.41億元處分後，可貢獻出比第1季實質EPS多出8倍以上的亮麗數字，讓人作夢都會笑（圖3-2-1情況1）。

不過，如果備供出售的金融資產是企業相當看好的投資標的，或是與上市櫃企業本業直接相關的轉投資公司時，企業多半會長期持有而不出售或轉讓，使這些金融資產對盈餘的貢獻，在無從實現的情況下，就僅是數字罷了。

然而，未實現評價利益只是讓台股投資人「看得到，吃不到」；但備供出售金融資產發生未實現損失時，問題就嚴重些。

像是漢唐（2404）102年第1季合併資產負債表上的備供出售金融資產，縮水至200多萬元，占總資產比重連1%都不到，可是它當初的成本高達1.74億元，若將未實現損失1.72億元換算後，衝擊EPS達0.72元；榮成（1909）的情況亦相去不遠。倘若兩家公司的備供出售金融資產的虧損實現，漢唐第1季的EPS將從0.89元減至0.17元、榮成則接近虧損邊緣（圖3-2-1情況2）。

圖 3-2-1 備供出售金融資產的美夢與噩夢

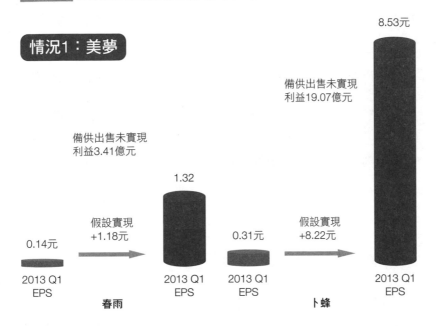

情況1：美夢

備供出售未實現
利益19.07億元

8.53元

備供出售未實現
利益3.41億元

1.32

0.14元　假設實現　+1.18元

2013 Q1
EPS

2013 Q1
EPS

春雨

0.31元　假設實現　+8.22元

2013 Q1
EPS

2013 Q1
EPS

卜蜂

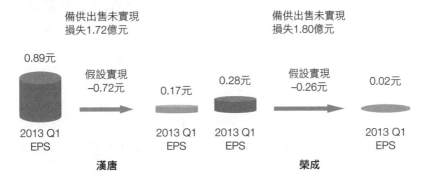

情況2：噩夢

備供出售未實現
損失1.72億元

備供出售未實現
損失1.80億元

0.89元　假設實現　−0.72元

0.17元

2013 Q1
EPS

2013 Q1
EPS

漢唐

0.28元　假設實現　−0.26元

0.02元

2013 Q1
EPS

2013 Q1
EPS

榮成

資料來源：公開資訊觀測站

　　如此驚人的數字，相信連偏愛看財報數字做出投資決策的投資人，也會感到心頭一凜，對於過往忽視備供出售金融資產未實現損益的影響性，大嘆不妙。要是我再提醒大家回想第 1 章所述，上市櫃公司管理階層在歸類金融資產為經常交易或備供出售有其「自由度」，導致企業帳上的金融資產，何時要戴上經常交易的帽子出征、何時會穿上備供出售的隱形衣藏匿起來，都可由管理階層心中的算盤去調配、撥弄，想必就沒人敢小看金融資產的「潛在爆發力」。

歸類輕輕挪，損益大不同

　　本書在第 2 章損益表中說明其他綜合損益（OCI）時，曾經點出備供出售已實現及未實現的認列與揭露，有很大操作空間，讓金融資產成為上市櫃企業管理階層，暗地調整損益表數據的有力工具。會演變至此的原因有二：一是金融資產對於經常交易與備供出售的判定（這二項也都可以劃分為流動或非流動資產），交付企業管理階層手上；二是在會計應計制下，對「未實現 vs. 已實現」的相關帳務處理。

　　簡而言之，若將金融資產歸屬於經常交易，在編製財務報表時，必須採用公允價值評價，並進行未實現損益的認列，直接對

當期淨利和EPS產生影響；而把金融資產列為備供出售時，雖要進行評價，卻無須認列損益（如表3-2-1），但就算是「這麼一點」會計上的歸類差異，也會產生出截然不同的效果。

表3-2-1 金融資產的評價及損益認列

評價 處理 ＼ 資產 類型	經常交易	備供出售	持有至到期日	以成本衡量者
評價方式	公允價值	公允價值	成本	成本
未實現評價 損益認列	本期淨利 （影響EPS）	其他綜合損益 （不影響EPS）	─（註）	─（註）
已實現損益 認列	本期淨利	本期淨利	本期淨利	本期淨利

註：因為以「成本」評價，不理會公允價值，所以沒有未實現評價損益。

　　若就圖3-2-2的案例來看，假定企業買進A公司股票後，一直持有到賣出前，皆將它列為經常交易，在編製財務報表時，就必須「立即認列」損益。因此，在2010年的財務報表中，就必須依A公司股票年底的公允價值進行認列，所以在資產負債表中，可看到資產價值下修至700,000元，並於損益表中，直接認列300,000元的未實現評價損失；在2011年年底時，A公司股價回升，便再將資產價值上調至800,000元，並出現100,000元的未實現評價利益。而最後以95元股價售出時，則產生已實現投資

圖3-2-2 **經常交易與備供出售金融資產的帳務處理**

某企業在2010年5月，以股價100元買進A公司股票10張，投資成本為1,000,000元，在賣出前的股價走勢如下：

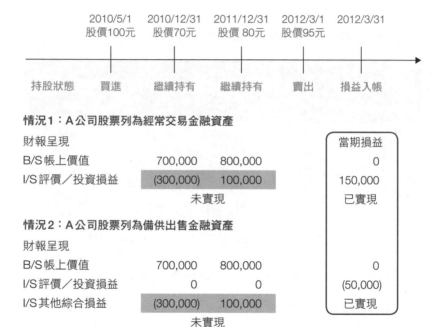

情況1：A公司股票列為經常交易金融資產

財報呈現

			當期損益
B/S帳上價值	700,000	800,000	0
I/S評價／投資損益	(300,000)	100,000	150,000
	未實現		已實現

情況2：A公司股票列為備供出售金融資產

財報呈現

B/S帳上價值	700,000	800,000	0
I/S評價／投資損益	0	0	(50,000)
I/S其他綜合損益	(300,000)	100,000	已實現
	未實現		

註：B/S表示合併資產負債表、I/S表示合併綜合損益表。

收益150,000元（950,000－800,000）。

相對地，A公司股票如果被列為備供出售，在持有期間雖然股票的評價有變化，但因為都是「未實現」，所以不認列損益，僅在其他綜合損益中揭露盈虧情形，等到股票售出時，因為先

前都沒有認列損益，便以原始成本計算，得到已實現投資損失
50,000元（950,000－1,000,000）。而僅是會計上的歸類差異，就
讓賣出同一檔個股的結果，出現相差4倍的盈虧差異。

偏偏絕大多數的台股投資人向來健忘，也不會追究過去，所
以常會直接接受最後結果，還誤以為經常交易的金融資產——Ａ
公司股票，在當年度讓公司「賺」了150,000元，或沒有特別留
意備供出售的金融資產價值，曾經有巨大的跌幅。其實，撇開會
計帳務處理，投資人只需看各時點的股價，就可輕鬆判定這場交
易的結果是虧損50,000元，但數字走進財務報表後，反而不容易
判斷。

策略巧操作，損益化美妝

在策略操作上，持有成本低、目前股價飆高的轉投資持股，
列為經常交易的話，在認列投資利益後，就能給本期淨利和EPS
灌點水。在正常情況下，聰明的企業管理階層會選擇在本業營收
及獲利不佳時，技巧性地利用金融資產美化損益數據，以免市場
對企業失去信心、出脫股票，連帶地使股價走跌；相反地，當
轉投資持股的股價大幅下滑時，企業管理階層便會把它列為備
供出售，讓它不管虧多少，都不會影響EPS（甚至不會有人留意

到），避掉損益的認列，一直等到股價回升時，再直接出售。

　　雖然，這種操作是合情合理也合法的事，但若鉅額虧損的轉投資，都躲進備供出售時，投資人的投資風險就會大增，特別是當轉投資股票的股價「再也回不去」之時。例如，在本節一開始就提到的漢唐（2404），它的備供出售金融資產會有為數不小的未實現損失，不外乎是漢唐在102年第1季所持有的7,415張力晶（5346）股票，當初成本雖有1.74億元，但就市價估算，就只剩222萬元之故，使未實現損失達1.72億元。這些備供出售金融資產，在市價下跌的過程中，管理階層也會選擇不處理，因為一出售變成已實現，就要影響EPS了。

　　此外，IFRSs新制亦要求未上市櫃企業股票的評價，必須由過去的成本衡量，轉列為備供出售，並以公允價值評價，讓長年被喻為黑箱的未上市櫃企業股票，價值能夠更如實地呈現，而不是等到轉投資公司已幾乎無任何價值，得要進行資產減損時，市場才恍然大悟。

兩招細偵察，投資全都露

　　既然上市櫃企業管理階層這麼會藏，那麼投資人不就沒辦法知道上市櫃企業到底轉投資了哪些金融資產？是否有重大的投資

虧損，會在某日爆開，吞蝕掉企業淨利了嗎？那也不盡然。其實，在現有的法令規定下，企業都必須把這些轉投資的概況，一點一滴地寫進財務報表裡，只是投資人懂不懂得找出來看。

話不多說，在這裡直接教大家兩招，不需要太多會計專業知識，也不必使用複雜的公式計算，投資人就可以判斷上市櫃企業藏起來的備供出售金融資產，有沒有巨大的風險存在。

第1招：確認有無未實現損益

攤開投資人較熟悉的企業合併綜合損益表，確認在其他綜合損益項下，有沒有備供出售金融資產未實現評價損失。如果有，就表示這段期間（如一季或一年）有些轉投資的價值比前一個記帳期間（或原始成本）低；如果沒有，也不能開心的太快，因為那只表示「這期」沒有損失，卻不等同沒有累積虧損被隱藏起來。所以，最保險的方式，還是直接看合併權益變動表的其他權益項目下，有沒有備供出售金融資產未實現評價損益。

從廣達（2382）102年第1季財務報表裡的合併權益變動表中（圖3-2-3），可以清楚地看到備供出售金融資產未實現損益項下，有2.74億元的未實現利益，顯見廣達第1季的金融資產是有賺的，但往下一看，會發現這些未實現利益真的太過小兒科，因為廣達在季末的備供出售金融資產仍有高達89.75億元的累積

圖3-2-3 廣達合併權益變動表（民國102年第1季）

僅經核閱，未依一般公認審計準則查核
廣達電腦股份有限公司及其子公司
合併權益變動表
民國一○二年及一○一年一月一日至三月三十一日

單位：新台幣千元

| | 歸屬於母公司業主之權益 | | | | | | | | | | 非控制權益 | 權益總計 |
| | 股本 | | 資本公積 | 保留盈餘 | | | 其他權益項目 | | | 歸屬於母公司業主權益總計 | | |
	普通股股本	預收股本		法定盈餘公積	特別盈餘公積	未分配盈餘	國外營運機構財務報表換算之兌換差額	備供出售金融資產未實現損(益)	庫藏股			
民國一○一年一月一日餘額	$38,410,594	6,243	13,540,019	18,606,648	-	49,396,417	2,552,422	(8,851,028)	(333,094)	113,328,221	7,383,883	120,712,104
本期淨利						5,131,788				5,131,788	103,541	5,235,329
本期其他綜合損益							(99,132)	549,038		449,906	(15,441)	434,465
本期綜合損益總額						5,131,788	(99,132)	549,038		5,581,694	88,100	5,669,794
股份基礎給付交易	45,030	2,510	103,704							151,244	-	151,244
民國一○一年三月三十一日餘額	$38,455,624	8,753	13,643,723	18,606,648	-	54,528,205	2,453,290	(8,301,990)	(333,094)	119,061,159	7,471,983	126,533,142
民國一○二年一月一日餘額	$38,487,474	4,288	13,726,008	20,911,902	4,027,178	50,691,872	1,995,225	(9,248,887)	(333,094)	120,261,966	7,375,580	127,637,546
本期淨利(損)						4,454,155				4,454,155	187,807	4,641,962
本期其他綜合損益							868,482	273,740		1,142,222	135,431	1,277,653
本期綜合損益總額						4,454,155	868,482	273,740		5,596,377	323,238	5,919,615
股份基礎給付交易	12,710	(1,283)	27,069							38,496		38,496
民國一○二年三月三十一日餘額	$38,500,184	3,005	13,753,077	20,911,902	4,027,178	55,146,027	2,863,707	(8,975,147)	(333,094)	125,896,839	7,698,818	133,595,657

資料來源：公開資訊觀測站

未實現損失。將近90億元的未實現損失，光是在紙上畫「0」都會畫到頭昏，一般人根本難以想像廣達是掉進了什麼坑，才會虧得這麼大？

第2招：確認轉投資細目

想看上市櫃企業轉投資的金融資產細目有哪些，投資人可在兩個地方看得到，一個是企業合併財務報表最後的附註說明、一個是母公司的年度財務報表。翻看企業合併財務報表的附註說明，可發現在「期末持有有價證券情形」中，看到所有的投資標的——從基金投資到股票投資，都會一次列出。但是，各公司編製報表的方式在會計實務雖有規定必須揭露的事項，但編製的會計師畢竟不同，友善程度就各異。如圖3-2-4，上圖的漢唐財務報表附註說明就很易懂，讓人可以輕易看出，漢唐轉投資力晶的虧損程度；但下圖的廣達財務報表附註說明則因為將備供出售、經常交易的金融資產直接以「市價」表達，反倒無法立刻看出虧損。

因此，建議投資人把企業的母公司年度財務報表調出來，直接翻到最後一部分的「重要會計項目明細表」，就可找到備供出售金融資產的所有明細。像是圖3-2-5便可清楚看到廣達備供出售金融資產的取得成本和市價，從友達（2409）、聯發科（2454）

圖 3-2-4 企業財務報表的附註說明案例

漢唐集成股份有限公司及其子公司合併財務季報告附註（續）

期末持有有價證券情形

單位：新台幣千元

持有之公司	有價證券種類及名稱	與有價證券發行人之關係	帳列科目	期末				備註
				股數	帳面金額	持股比率	市價	
本公司	股票—中興電工	—	公平價值變動列入損益之金融資產—流動	7	162		115	
〃	股票—尚科	—	〃	634	19,928	—	2,434	
〃	股票—茂德	—	〃	966	16,603			
〃	股票—宏碁	—	〃	1,400	94,044	0.05	36,470	
	加：評價調整				130,737		39,019	
	合　計				(91,718)			
					39,019			
〃	股票—力晶	—	備供出售金融資產—流動	7,415	174,035	0.33	2,225	
〃	加：評價調整				(171,810)			
	合　計				2,225			
〃	股票—江西建工	—	以成本衡量之金融資產—非流動	註二	497,290	19.80	註三	
〃	股票—台灣電腦	—	〃	2,303	19,668	8.91	註三	
〃	股票—Aetas Technology Inc.	—	〃	151	—	0.30	註三	
〃	股票—USA Global	—	〃	103	330	0.28	註三	
〃	股票—智威科技	—	〃	76	592	0.23	註三	
〃	股票—緯星電子	—	〃	12	—	0.05	註三	

廣達電腦股份有限公司及其子公司合併財務季報告附註（續）

期末持有有價證券情形

單位：新台幣千元

持有之公司	有價證券種類及名稱	與有價證券發行人之關係	帳列科目	期末			備註
				股數	帳面金額	市價	
本公司	受益憑證						
	統一強棒基金	—	備供出售金融資產—流動	26,174,779	425,552	425,552	
〃	復華債券基金		〃	37,830,795	532,502	532,502	
〃	復華有利基金		〃	524,504	6,885	6,885	
〃	華南永昌鳳翔基金		〃	16,643,143	263,872	263,872	
〃	華南永昌麒麟基金		〃	8,664,902	101,178	101,178	
〃	聯邦債券基金		〃	34,887,868	448,295	448,295	
〃	台新1699債券基金		〃	7,426,931	97,672	97,672	
〃	日盛債券基金		〃	8,279,342	119,126	119,126	
〃	未來資產羅門債券基金		〃	26,602,574	326,507	326,507	
〃	第一金台灣債券基金		〃	2,254,116	33,515	33,515	
〃	富邦吉祥基金		〃	24,144,454	368,710	368,710	
〃	寶來吉寶基金		〃	29,380,208	343,537	343,537	
〃	兆豐國際買鑽基金		〃	36,863,331	448,859	448,859	
〃	保德信債券基金		〃	6,435,231	99,008	99,008	
〃	鉑亞成實基金		〃	2,082,213	27,542	27,542	
	受益憑證						
〃	元大萬泰基金		〃	22,628,812	333,540	333,540	
〃	第一金家福基金		〃	2,403,331	417,129	417,129	
〃	國泰債券基金		〃	20,593,198	250,098	250,098	
〃	台新真吉利基金		〃	97,632,597	1,057,381	1,057,381	
〃	柏瑞豆輪債券基金		〃	4,458,885	59,678	59,678	
〃	華頓平安基金		〃	17,819,278	200,281	200,281	
〃	群益安穩基金		〃	15,950,112	250,238	250,238	
〃	新光吉星基金		〃	7,777,910	117,318	117,318	
〃	ING債券		〃	11,015,008	174,818	174,818	
	普通股						
〃	友達光電(股)公司	—	〃	254,839,590	3,363,883	3,363,883	2.89 %
〃	聯發科技(股)公司		〃	119,386	40,830	40,830	0.01 %
〃	明泰科技(股)公司		〃	1,237,195	24,125	24,125	0.25 %
〃	展兆光電(股)公司		〃	1,579	—	—	—
〃	致新科技(股)公司		備供出售金融資產—非流動	1,143,926	112,333	112,333	1.33 %

資料來源：公開資訊觀測站，102年第1季合併財務報表

圖3-2-5 廣達備供出售金融資產明細表（民國101年12月31日）

廣達電腦股份有限公司

備供出售金融資產－流動明細表

民國一○一年十二月三十一日

單位：新台幣千元

金融商品名稱	摘要	股數或張數	市值總額	取得成本	累計減損	公平價值 單價	公平價值 總額	備註
普通股								
廣達光電（股）公司	上市股票	254,839,590		$ 9,889,502	-	13.00	3,312,915	
聯發科技（股）公司	〃	119,386		38,620	-	323.50	38,621	
明泰科技（股）公司	〃	1,257,195		24,066	-	19.45	24,453	
鳳凰光電（股）公司	公開發行	1,579		-	-	-	-	
小計				9,952,188			3,375,989	
受益憑證								
統一強棒基金	開放型基金	4,571,426		74,194	-	16.23	74,197	
統一債券基金	〃	18,561,679		260,832	-	14.05	260,838	
復華債利基金	〃	524,504		6,873	-	13.10	6,873	
華南永昌鳳翔基金	〃	12,971,314		205,333	-	15.83	205,341	
華南永昌麒麟基金	〃	7,790,791		90,827	-	11.66	90,830	
華南永昌麒麟基金（台積利澤）	〃	874,111		10,000	-	11.66	10,191	
聯邦1699基金	〃	75,038,360		962,582	-	12.83	962,615	
台新1699基金	〃	1,931,840		25,363	-	13.13	25,363	
日盛債券基金	〃	1,313,583		18,867	-	14.36	18,868	
第一金台灣貨幣市場基金	〃	20,555,121		251,860	-	12.25	251,870	
未來資產所羅門債券基金	〃	2,254,116		33,459	-	14.84	33,461	
元大吉祥基金	〃	17,588,238		268,147	-	15.25	268,157	
光電國際貨幣基金	〃	27,876,652		325,400	-	11.67	325,407	
光電國際貨幣基金	〃	20,436,766		248,399	-	12.15	248,407	
保德信債券基金	〃	6,435,231		98,861	-	15.36	98,864	
瀚亞威寶基金	〃	2,082,213		27,494	-	13.20	27,495	
元大寶來吉祥基金	〃	31,922,866		469,723	-	14.71	469,732	
第一金安穩基金	〃	926,588		160,560	-	173.29	160,566	
國泰債券基金	〃	12,351,146		149,775	-	12.13	149,780	
台新真吉利基金	〃	22,661,708		245,005	-	10.81	245,023	
台新薄吉利基金	〃	4,458,885		59,589	-	13.36	59,591	
柏瑞巨衡債券基金	〃	8,912,021		100,000	-	11.22	100,007	
群益安穩基金	〃	3,192,440		50,000	-	15.66	50,000	
ING債券	〃	4,713,771		74,692	-	15.85	74,694	
新光吉星基金	〃	3,320,384		50,000	-	15.06	50,000	
小計				4,267,835			4,268,170	
合計				14,220,023			7,644,159	
減：備供出售金融資產評價損失				(6,575,864)				
				$ 7,644,159				

資料來源：公開資訊觀測站

和明泰科（3380）的持有成本和市價的差異看來，這三家公司當中的友達（2409）就是讓廣達在金融資產轉投資部分受重傷的元凶，三家公司於101年12月31日的未實現損失合計數就高達65.76億元。再加計為符合IFRSs新制規定*而產生約25億元的轉換影響數，便堆出近90億元的備供出售金融資產未實現損失。

　　就投資人的立場而言，上市櫃企業應努力經營本業，持續創造營收和獲利，才是王道；但就財務規劃角度，企業能妥善運用資金，透過轉投資體質良好的金融資產，賺取些業外收益，也不為過。因此，在台股市場中，無論規模大或小的企業，帳上都會有些金融資產。只是，有些企業投資屬性較保守，金融資產就多屬於基金或債券類，股票投資比重偏低；有些企業則較大膽，帳上的金融資產幾乎都是股票投資。但是若操作過頭，把自己當成投信公司或「台灣50」般，買進一大堆金融資產，有賺也就罷了；要是買到像友達等慘業個股或暴跌股盈正的情況，麻煩就大了。所以，投資人在挑選投資標的時，最好避開喜歡炒股的上市櫃公司，避免陪著企業管理階層一起承擔風險。

---

* 關於投資未上市櫃企業，過往列在以成本衡量的非流動金融資產，IFRSs規定必須改以備供出售金融資產列計，導致部分金融資產的評價因為從成本轉換成公允價值，衍生出未實現損益。

3-3

營收從此不能急著認列：顧客忠誠度計畫

1979年起，24小時營業的連鎖便利商店，開始融入台灣人的生活中。至今，台灣的便利商店密度稱霸全球，平均每3,000人就對應一家便利商店，而我們也開始習慣皮包裡有各種贈品的集點卡，在便利商店遇見親朋同事，總不忘親切招呼一句：「嗨，今天集點了嗎？」

是什麼時候開始，大家開始對集點贈獎活動樂此不疲？這可以回顧2005年，台灣便利商店龍頭統一超（2912）展開史無前例的「全店整合式行銷」活動，凡消費滿新台幣77元，就可以隨機得到一款Hello Kitty磁鐵，並隨袋附贈商品折價券。人氣卡通角色的周邊產品，掀起全台蒐集熱潮，為便利商店的行銷策略開啟新的一頁。

顧客忠誠度計畫＝砸錢讓顧客忠實地掏錢

現在不只統一超，競爭對手如全家、萊爾富、OK便利店等，也競相投入集點贈獎的戰局，搭配各種主題行銷，往後類似活動如雨後春筍般冒出，希望消費者在樂此不疲地收集卡通公仔、造型原子筆、人氣角色馬克杯的同時，被潛移默化為該便利店的忠實客戶。

集點熱潮的背後，除了許多企管專家指出，忠誠客戶的多寡與催生，與企業的競爭力息息相關，另外也有統計數據指出，當企業能留住多出5%的顧客，便能提升25%到100%的獲利。

因此，各廠商莫不卯足了勁，砸錢執行顧客忠誠度計畫，好催生鐵票顧客群。除了大家耳熟能詳的超商通路業，金融業的信用卡紅利積點、辦卡送贈品，已經是必備條件，此外還有消費累計飛航里程數、紅利折抵刷卡金、刷卡購票免收轉帳費、累計刷卡次數換咖啡……等令人目不暇給的花樣，就是預防消費者剪卡。還有許多針對消費者需求的廠商聯名卡孕育而生，甚至有銀行與知名廟宇合作，推出瞄準信眾客群的「神明卡」，將卡友名冊保存在廟宇中誦經祈福，信用卡上有神明金身加持，讓卡友意圖剪卡之際不得不三思，甚至號稱連還款也有神明監督，比一般卡用戶更積極。

另外一定要提的，是百貨業滿千送百、滿萬送千的周年慶活動。各百貨公司會錯開檔期，各自舉辦周年慶，在櫃位、商品大同小異的情況下，除了用特價堅守主顧客層，更重要的是吸引中價位消費力的游離客，在周年慶期間「效忠」該公司，努力衝高營業額。

執行這些客戶忠誠度計畫都需要成本，超商送人氣卡通的周邊產品要支付版權費、製作費，金融業、百貨業要自行吸收紅利點數折抵或周年慶活動的金額，舊制中在銷售行為發生時，即全額認列為收入，廠商接著估計顧客將兌換多少額度的贈品，將其金額列為成本或費用、應付費用（負債）。

忠誠度計畫成果，先列入遞延收入（負債）

IFRSs新制不斷提醒企業：別急著吃棉花糖。投資人若想徹底理解新舊制的差異，就必須不斷去問同樣的問題：「對廠商來說，現金已經入帳了嗎？對消費者來說，他們已經拿到回饋了嗎？對雙方來說，交易已經完成了嗎？」

在兌換便利商店的集點贈品時，消費者經常有因為贈品太熱門，必須改填預購單的經驗，接下來得等待一段時日，很可能是幾星期甚至數個月後，才能真正拿到贈品。周年慶拿到的折扣券

或抵用券，也不見得能在同一個檔期使用，要等到廠商規定的使用期間才生效。

因此仔細拆解顧客忠誠度計畫，可以畫分為兩種不同的交易類型：第一是消費者購買的商品與勞務；第二是對應消費而產生的點數、紅利等。因此IFRSs新制規定，企業應該針對點數的部分，以過去兌換獎項的機率為基準，來推估並將估算出來的公允價值列為遞延收入（負債），到客戶未來實際兌換時，才認列為收入（表3-3-1）。

表3-3-1 常見的顧客忠誠度計畫

類型	常用行業	舊制（註）	IFRSs新制
集點換贈品、服務、折價券	藥妝店、便利店、餐廳	銷售點：即全額認列為營業收入，並且估計顧客將兌換多少額度的贈品，將金額列為成本或費用、應付費用。	1. 消費者購費的商品與勞務 銷售點：立即認列為營業收入 2. 對應消費而產生的點數、紅利 銷售點：估計並且遞延點數的公允價值，做為遞延收入（負債） 兌換點：在客戶真正兌換時，才認列為營業收入。
紅利積點換贈品、折抵帳單金額	金融業、航空業		
滿額送抵用券、贈品	百貨業		

註：舊制下，信用卡紅利積點所產生之負債，應於點數發生時估列，並認列為推銷費用。

　　說了這麼多，大家可能心中會產生疑惑，「究竟這對我們投資有什麼影響呢？」值得我們注意的地方可以分為二部分：一是對 101 年 12 月 31 日淨值的影響；二是對未來營收動能、獲利的影響。

　　101 年 12 月 31 日的合併資產負債表，原本已經按照舊制編製，但因 102 年採用 IFRSs 後，102 年、101 年二年的資料都要以新制嶄新面貌呈現，所以需要將 101 年 1 月 1 日、101 年 12 月 31 日追溯重編。

　　以長榮航（2618）為例（表 3-3-2），採用新制顧客忠誠度計畫後，原先已認列的營業收入將無法認列，因此 101 年 12 月 31 日增加遞延收入（負債）17.4 億元，同時減少未分配盈餘（股東權益）17.4 億元，因此淨值將減少 17.4 億元。

　　不過也有百貨業者，如統領（2910）、F-大洋（5907），此項新制目前對其淨值沒有任何影響。

表3-3-2 顧客忠誠度計畫對個案企業之影響

單位：千元

企業	合併資產負債表			101年 合併綜合損益表 (4)
	101年1月1日（開帳日）(1)	101年12月31日 (2)	變動 (3)=(2)-(1)	
統一超（2912）	遞延收入 ↑377,268 / 未分配盈餘 ↓230,135	遞延收入 ↑339,006 / 未分配盈餘 ↓168,463	遞延收入 ↓38,262	營業收入 ↑73,611
特力（2908）	遞延收入 ↑197,870 / 未分配盈餘 ↓197,870	遞延收入 ↑193,002 / 未分配盈餘 ↓193,002	遞延收入 ↓4,868	營業收入 ↑4,868
統領（2910）	－	－	－	－
F-大洋（5907）	－	－	－	－
華航（2610）	遞延收入 ↑2,182,695 / 應付費用(註) ↓67,827 / 未分配盈餘 ↓2,114,868	遞延收入 ↑2,636,952 / 應付費用 ↓2,361 / 未分配盈餘 ↓2,634,591	遞延收入 ↑454,257 / 應付費用 ↑65,466	營業收入 ↓454,257 / 營業費用 ↑65,466
長榮航（2618）	遞延收入 ↑1,777,246 / 未分配盈餘 ↓1,777,246	遞延收入 ↑1,739,795 / 未分配盈餘 ↓1,739,795	遞延收入 ↓37,451	營業收入 ↑37,451
中信金（2891）	遞延收入 ↑983,918 / 應付費用 ↓983,918 / 未分配盈餘 －	遞延收入 ↑919,061 / 應付費用 ↓919,061 / 未分配盈餘 －	－	手續費收入 ↓911,097 / 業務及管理類用 ↓911,097

註：華航的應付費用，在合併資產負債表上，項目為「應付費用－酬賓負債」。

資料來源：公開資訊觀測站，102年Q1合併財務報表

緊盯遞延收入（負債）增減，看出未來企業營收動能

　　未來投資人對於遞延收入，可以將其視為企業先預收現金，隨著消費者來兌換點數、紅利，再逐步認列營業收入。「殺頭的生意有人做，賠錢的生意沒人做」，就算是點數、紅利部分，通常還是有利可圖，隨著遞延收入（負債）漸漸轉認列為營業收入，對於企業的營業收入、獲利動能都將有所貢獻。觀察合併資產負債表上遞延收入的「眉角」如表3-3-3。

　　我們可以從表3-3-2第(3)欄及第(4)欄，試著來看出企業營收動能。以華航（2610）為例，遞延收入（負債）增加454,257千元時，代表101年先預收現金，依新制無法於101年認列為營

表3-3-3 遞延收入的觀察重點

遞延收入（負債）	情景描述
愈來愈大	企業先預收現金（CFO）。 未來隨著消貨者兌換點數、紅利將成為營收、獲利動能，但未來不再有現金的流入。
維持不變	本期間（季或年）預收現金與兌換點數、紅利部分相等。 遞延收入餘額未來仍將成為營收、獲利動能。
愈來愈小	企業之前預收現金產生的負債，已在本期間（季或年）經消費者兌換並認列營收、獲利。 未來再貢獻營收、獲利的部分變少。

業收入，因此減少101年營業收入454,257千元，但這部分會是未來的營收動能；相反地，特力（2908）遞延收入（負債）減少4,868千元，代表預收現金部分，已在101年經消費者兌換，營業收入即增加4,868千元，但未來貢獻營收的部分就減少了。

IFRSs新制除了更貼近直覺，也教投資人要睜大眼睛，弄清楚廠商的獲利究竟是近在眼前，亦或遠在天邊，不會再被灌水的營收沖昏了頭；新制也減少了企業美化財務報表的空間，往後要檢視一項顧客忠誠度計畫是否成功，會計資訊也更加透明。

3-4

再會了，建商最愛的「完工比例法」

　　2005年起，遠雄建設以新北市三峽區台北大學為核心，在其後約五年的時間，展開連續十期開發案，總銷金額近新台幣500億元，之後皇翔、麗寶、太子、中悅、茂德、寶佳等多家建商也陸續進場。造鎮計畫迄今已長達8年，2013年6月，遠雄建設發表市調，評估三峽造鎮下的房產總值，從新台幣1,000億元漲到2,500億元，宣稱三峽台北大學城一帶，房市價值連翻2.5倍。

　　姑且不論建商圈地造鎮的盛會，是否當真讓市井小民從中獲利，但是對股票投資人與廣大的散戶來說，建商的獲利與股價漲跌息息相關，與自己的荷包密不可分。然而值得注意的是，金管會在2009年5月中旬公告，台灣上市、櫃及興櫃公司最慢應從2013年開始，依照IFRSs編製財務報表，並且要求2011年、2012年期中財務報表及年報中，必須收錄附註，揭露採用IFRSs的影響。因此許多上市櫃建設公司，已於2012年採用完工比例

法認列收益，但由於跨期至2013年未完工，又為了2013年導入IFRSs完工交屋時認列收益一次入帳。因此，為了消除2012年先前已經認列之收益，在資產負債表中的保留盈餘扣除。而完工交屋日落在2013年第1季者，又把2012年曾經認列過的收益，「再一次」變成營業收入。所以，2013年第1季，我們見到許多營建股營收獲利爆衝，但每股淨值卻大幅下降的案例（圖3-4-1）。

圖3-4-1 IFRSs上路，上市櫃建商每股淨值波動情況

股號	公司	2012年底每股淨值（元）	2013年首季每股淨值（元）
2547	日勝生	24.30	9.00
1805	寶徠	11.80	6.86
5514	三豐	15.00	8.74
6186	新潤	13.29	9.52
5534	長虹	52.60	48.80

資料來源：102年第3季證券分析師考題

全面導入IFRSs後，對台灣各產業必然有程度不一的衝擊，但對營業週期較長的營建業，營業收入認列的方式將會有大幅變動，尤其從2013年起要告別建商最愛的「完工比例法」，迎接「完工交屋一次認列」，並追溯重編2012年原本以「完工比例法」風光認列的數字，正式面臨新制度的挑戰。因此，投資人務必要

了解IFRSs新制的衝擊，才能真正選對股、賺到錢、發現問題、避開地雷。

完工比例法——營建業財報的最強美妝術

目前台灣的房地產建案以預售屋為主流，通常在確認有80%的案件都承銷出去後，建商便會動工，照理而言必須全部完工後，買方才願意銀貨兩訖，這時候建商才真正有現金入袋。

俗語說：「羅馬不是一天造成的。」一個建案從規劃、預售、動工、完工到交屋，經常已經超過一年或數年的時間，這段期間並沒有真正的營業收入，但建商還是得不斷投入營業成本，直到走完最後一里路為止。

如表3-4-1所示，即使我們活在一個零利率的世界，即便總營業收入、總營業成本、總營業毛利通通相同，但採用完工交屋時一次認列，就意味著綜合損益表上連續掛零兩年！如此，必然讓投資人與股東產生疑慮，不僅公司股價下跌，還會讓募資更困難，更甭談真實世界中還要考慮通貨膨脹率、折現率、匯率等可能讓錢越來越薄的複雜因素。

因此，建商偏好用完工比例法來認列損益，配合工程進度，於施工期間按比例認列相關營業收入及營業成本，這項堪稱營

表3-4-1 完工比例法vs.完工交屋時認列

採用完工比例法，年年有獲利				
	第一年	第二年	第三年	合計數
營業收入	30	30	40	100
營業成本	18	18	24	60
營業毛利	12	12	16	40
完工比例	30%	30%	40%	100%

採用完工交屋時認列，綜合損益表上連續掛零兩年！				
	第一年	第二年	第三年	合計數
營業收入	0	0	100	100
營業成本	0	0	60	60
營業毛利	0	0	40	40
完工比例	30%	30%	40%	100%

建業最強美妝術的會計原則。在導入IFRSs之前，若符合下列條件，就可採完工比例法認列售屋利益：

1. 工程之進行已逾籌劃階段，亦即工程之設計、規劃、承包、整地均已完成，工程之建造可隨時進行。

2. 預售契約總額已達估計工程總成本。

3. 買方支付之價款已達契約總價款15%。

4. 應收契約款之收現性可合理估計。

5. 履行合約所需投入工程總成本與期末完工程度均可合理估計。

6. 歸屬於售屋契約之成本可合理辨認。

　　而在導入 IFRSs 後，除非是買方指定建案的主要結構，建商才可以用完工比例法，不然只能使用在完工交屋時一次認列。在住宅需求上，買方可以針對部分內部裝潢提出變更設計的要求，但這些要求，並不是「變動主要結構的設計」，這也讓建商驚覺到——未來的住宅建案，將無法規避完工交屋時認列的會計原則。

　　以營建業績優生長虹（5534）為例，101 年 EPS 21.28 元，102 年第 1 季 EPS 再達 19.72 元，投資人可別滿心歡喜，誤以為建商連續二年都能繳出 EPS 近 20 元的好成績。會產生這種錯覺，主要因商辦新凱旋於 101 年早已先按完工比例法認列一次，配合 IFRSs 新制完工交屋時認列的實施，101 年綜合損益表必須追溯重編，調整後 EPS 僅有 8.21 元。102 年第 1 季因為商辦新凱旋全部完工，重覆認列第二次，因而再次推升 102 年的每股盈餘表現（圖 3-4-2）。

　　當 IFRSs 讓會計的大原則更貼近現實，因此，建商必須更留意各個建案的排程，將完工時間做更好的排列組合，以免任何一年營收、獲利掛零，為了避免這種掛零的情形，像冠德（2520）、日勝生（2547）早已跨足購物中心與飯店，進行多角化經營。而投資人要評估營建股，在 102 年可以留意 102 年的獲利是否屬於重覆認列，在未來更要注意建商的個別建案於何時完

圖 3-4-2 完工比例法 vs. 完工交屋時認列對長虹每股盈餘之影響

資料來源：公開資訊觀測站

工一次認列，何時進入認列高峰期，要好好掌握利多實現前進場、利多出盡時出場的原則。

隱藏的遞延推銷費用將浮出檯面

建商賣房子的成本並不只有「萬丈高樓平地起」，還包括了廣告費、銷售費、人事費等各式各樣的支出，在講究行銷包裝、感動服務的現在，預約賞屋專人服務、給予紙本DM早已不稀奇，做出精美的power point簡報也成為基本款，建商各出奇

招，有時不僅能看到微電影式廣告，甚至還能享受建商供應的下午茶、餐盒等，而這一切其實都是成本。

即使羊毛出在羊身上，但在買家確定拿出錢來買房前，這些支出都屬於「預付性質」，即使錢已經花下去了，但考量效益尚未實現，所以過往台灣的法規准許這些費用遞延入帳——採全部完工法時，在建案竣工、認列收入的年度轉列費用；採取完工比例法的話，則按比例來計算並轉列費用。

這樣的制度，也讓建商有空間可以降低帳面上的費用，來美化EPS，許多該認列的費用一延再延，甚至會發生建商找理由硬扯是遞延支出，也不願意費用化的情況。而IFRSs中，有關廣告及銷售等相關支出，應於發生時認列為當期費用，讓建商不再有理由迴避「不願面對的真相」。

以冠德（2520）與遠雄（5522）因應遞延推銷費用，從IFRSs新制方式分析如表3-4-2，冠德在追溯重編101年12月31日的合併資產負債表時，依新制規定，預付款項、未分配盈餘同時減少4.15億元，在調整101年綜合損益表時，亦增加了推銷費用1.33億元。然而，遠雄在追溯重編101年12月31日的合併資產負債表時，僅將遞延推銷費用移轉到另一個資產項目預付款項上，還是未將這些推銷費用予以費用化，或許可以解釋造鎮計畫的行銷效應仍在，但卻在在顯示IFRSs新制提供企業許多「專業判斷」的空間。

表3-4-2 新制財報下，冠德與遠雄如何因應遞延推銷費用

單位：千元

	冠德		遠雄	
	會計項目	金額	會計項目	金額
101年12月31日合併資產負債表	預付款項（ROC舊制）	714,550	遞延推銷費用（ROC舊制）	1,533,823
	預付款項（IFRSs新制）	299,600	遞延推銷費用（IFRSs新制）	0
	預付款項影響數	↓ 414,950	遞延推銷費用影響數	↓ 1,533,823
	未分配盈餘影響數	↓ 414,950	預付款項影響數	↑ 1,533,823
101年綜合損益表	推銷費用影響數	↑ 133,080	推銷費用影響數	0

註：冠德的遞延推銷費用於合併資產負債表中，帳列預付款項。

　　投資人在進行企業財務報表比較時，除了了解以上會計原則改變對於收入認列時點，以及對當期或未來損益的影響外，就長期來說，費用就是費用，最終還是要在損益表當中成為支出，其實各建案的總收入並沒有改變，這點務必多加留意。

　　趁著IFRSs全面施行的機會，投資人必須學會從報表的數字中找出玄機，在產業面上，不只是建商，所有企業都應該訂定採用新會計原則的計畫，考量營運狀況、變更會計制度的影響範疇，並且走在法規之前進行沙盤推演，讓企業體質能夠承受IFRSs「透明化」的衝擊，讓未來與國際接軌時更順利。

存貨變動的祕密

　　存貨是企業經營過程中的重要項目，對於存貨總額高與存貨週轉率低的企業而言，存貨對經營績效的影響非常顯著。這一章便是要告訴讀者，對過去存貨的分析只著重在「存貨週轉率」與「存貨金額變化」，並且「搭配現金流量表觀察」。但在IFRSs之下，存貨對綜合損益表有不同以往的表達方式，投資人務必了解。

存貨變動，各行各業大不相同

　　存貨對投資有意義的地方，可以概略分成兩個類別，一類是電子製造業，存貨以原料、在製品或是製成品為主，另一類是其存貨價值與商品價格（Commodity）高度正相關的傳統產業。一般電子業的存貨一旦發生價格下跌，就不會漲回來。當然，以服務為主的服務業，其存貨價值不易認定而且無法儲存，因此存貨總金額低，對於經營績效影響不鉅，所以不必刻意分析。但是如果

是存貨價值與商品價格高度正相關的製造業，在景氣與全球原物料下跌的時候，在綜合損益表發生的存貨跌價損失，我們可以在原物料商品價格大幅上漲之後，期待有可能發生的存貨回升利益。

銷售平板電腦或是智慧型手機的公司，其存貨可能是生產過程中的在製品或是未出售的製成品，由於時間推移，原本的新產品已經變成舊產品，對於這些已經是上個世代的產品，不但難以售出，更難評估其存貨的價值。根據保守穩健原則，建議讀者可以將大多數電子產業的存貨跌價損失當作「一去不回頭」，不需要期待存貨回升利益。

但是許多直接採購原物料的傳統製造產業，例如鋼鐵、塑化，或是一些較特殊的電子產業，其存貨價值與商品價格高度正相關，則會發生存貨回升利益的金融事件，雖然公司本業營運狀況無太大改變，但在存貨回升利益加持 EPS 的利多之下，投資人經常還是會迷失方向。

勿單用財務比率立判經營績效

有關存貨跌價損失與存貨回升利益（以下簡稱存貨損益）的表達與揭露，過去存貨損益都放置在損益表的營業外損益來表達，但是現在 IFRSs 新制規定，存貨損益是放置在損益表的營業

成本，這將顛覆我們對於毛利率的分析方法。

我們舉一個簡化過的例子，如圖3-5-1的情況，假設一家公司在100年至102年的經營模式一致：原始購入成本是70元，營業收入為100元，毛利率為30%，如果一年後手上持有的存貨價格下跌20元，這時會變成營業成本的加項，營業成本上升到90元，投資人會驚見，101年該公司毛利率大幅下降，似乎是出現企業競爭力衰退的警訊。

再隔一年，存貨價格回升到100年的水準，這時候要認列存貨價格上漲20元的回升利益，就會出現營業成本由70元下降到50元，毛利率大幅回升變成50%，不明就裡的投資人還以為企業經營績效上升，而沾沾自喜著，殊不知，只不過是把101年的錢放回了102年而已，企業的本質並沒有大幅改變。不管是舊制還是IFRSs新制，不管放置在業外收支還是營業成本，最終的企業淨利仍然相同，改變的是那些單看財務比率變化就進行投資決策的投機心態。

圖3-5-1 存貨價值變動對於毛利率的影響

期間	100年	101年	102年
營業收入	100元	100元	100元
營業成本	70元	90元	50元
毛利率	30%	10%	50%

沒事幹，總比存貨上沖下洗好

第一伸銅（簡稱第一銅，2009）是專門生產銅片與纜線的傳統製造業，是一間每年EPS約賺個1元上下、現金股利半毛錢到一塊錢的無聊公司，股本僅新台幣35億元。在2008年金融海嘯的時候，EPS賠到−1.77元，看起來絕對不會是個熱門與亮眼的投資標的，投資人可能還會認為有很大的營運危機。

到了2009年初，我們可以看到其97年度財務報告書揭露，其存貨跌價損失在損益表的業外損失金額高達6.7億元（如圖3-5-2），這時候初步估計存貨跌價損失竟占將近2元，也就是說，本業賺的錢全部被業外存貨損失給吃掉了。（註：第一銅沒

圖3-5-2 第一銅97年度損益表，存貨跌價高達6.7億元

單位：千元

		97年度		96年度	
		金 額	%	金 額	%
7500	營業外費用及損失：				
7510	利息費用	29,309	-	25,592	-
7521	採權益法認列之投資損失淨額(附註四(四))	-	-	1,137	-
7530	處分固定資產損失	871	-	296	-
7540	處分投資損失	256	-	981	-
7570	存貨跌價及呆滯損失	673,367	10	6,513	-
7630	減損損失(附註四(一))	6,999	-	7,689	-
7640	金融資產評價損失淨額(附註四(一))	33,420	-	-	-
7880	什項支出(附註七)	2,967	-	4	-
		747,189	10	42,212	-

資料來源：公開資訊觀測站

有持股>50%的子公司，不須編製合併報表，故以下內容以母公司報表分析之。）

　　這時候投資人心裡就要有個底，這家在金融海嘯時本業有賺錢，只是被存貨跌價損失全部吃光的公司，哪天原物料商品價格（Commodity）回升之後，就會上演損益表的王子復仇記。果不其然，2009年國際銅、鎳價大幅回升，LME（倫敦金屬交易所）現貨銅價由年初每公噸不到3,000美元，上漲到年底的每公噸7,000美元，足足翻了一倍（如圖3-5-3，在銅、鎳價上漲的過程中，第一銅一直受到存貨上漲的趨勢，也步步走高。）

圖3-5-3 2009年國際LME現貨銅價走勢圖

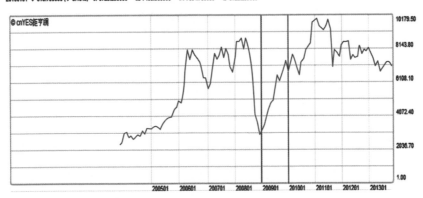

資料來源：鉅亨網

等到2010年初，公布了98年度財務報告書，我們終於見到存貨價格變動的威力。第一銅這家公司98年到97年之間存貨總金額皆在17億元的水準（圖3-5-4），沒有大幅變動，但當年度損益表中營業收入由70.1億元減少到45.9億元，營收大幅減少，EPS卻賺了1.77元。

圖3-5-4 第一銅98年度資產負債表

單位：千元

| | 資　產 | 98.12.31 | | 97.12.31 | |
		金　額	％	金　額	％
11~12	流動資產：				
1100	現金及約當現金	$ 221,858	4	260,592	6
1310	公平價值變動列入損益之金融資產－流動（附註四（一））	105,647	2	41,143	1
1120	應收票據	4,468	-	7,516	-
1140	應收帳款	548,939	9	233,067	5
1150	應收帳款－關係人（附註五）	-	-	14,228	-
1160	其他應收款（附註四（二））	107,405	2	60,833	1
1210	存貨（附註四（三））	1,743,617	29	1,750,789	36
1250-98	預付款項及其他流動資產（附註四（八））	84,866	1	51,928	1
1286	遞延所得稅資產－流動（附註四（八））	33,623	1	11,229	-
		2,850,423	48	2,431,325	50

資料來源：公開資訊觀測站

仔細看損益表，又發現98年度營業毛利由去年度的–5.96億元上升成6.35億元（圖3-5-5）。若不曉得財務會計準則公報第十號與97年度的業外損失故事，但看這份損益表一定霧裡看花，心想，怎麼會有公司毛利率由–9%上升到14%，是不是有什麼重大利多？

圖 3-5-5 第一銅98年度損益表

單位：千元

		98年度		97年度	
		金 額	%	金 額	%
4000	營業收入(附註五)：				
4110	銷貨收入	$ 4,389,979	96	6,876,054	98
4170	減：銷貨退回	42,949	1	86,813	1
4190	銷貨折讓	1,269	-	37	-
4100	銷貨收入淨額	4,345,761	95	6,789,204	97
4660	加工收入	241,375	5	222,699	3
		4,587,136	100	7,011,903	100
5000	營業成本(附註五及十)	3,952,350	86	7,608,272	109
5910	營業毛利(損)	634,786	14	(596,369)	(9)
6000	營業費用(附註五及十)	87,872	2	96,876	1
6900	營業淨利(損)	546,914	12	(693,245)	(10)

資料來源：公開資訊觀測站

會計實務上的財務會計準則公報第十號

舊制：存貨損益放置在損益表的「營業外損益」表達。

第十號公報：為了接軌IFRSs，存貨損益修改為放置在損益表的「營業成本」表達。並於98年1月1日起首次適用。

IFRSs新制：存貨損益放置在綜合損益表的「營業成本」表達。

　　這時候我們去看損益表中的提示是附註五（圖3-5-6），或是檢查現金流量表，往下閱覽就可以看到，由於導入第十號公報的修訂之後，為了讓98年與97年二個年度一致，原來97年度業外存貨跌價損失6.7億元，已經移轉到營業成本加項，而到了98年度認列存貨回升利益6.3億元，成為營業成本的減項。所以毛利率由-9％上升到14%，主要就是由於存貨價值的變動。你又可以再推算一次，這家公司股本35億元，而存貨回升利益就貢獻了6.3億元，足足占了EPS有1.8元！等等，這家公司不是等於98年度本業根本沒有賺到什麼錢嗎？

　　因此，你就不會見到這家公司EPS上升，毛利率大幅上揚，還預期這家公司會有更進一步的表現。隨後銅價也沒有大幅上揚，也不再有這種一次性題材可以發揮，公司股價也就默默地結束原本的多頭漲勢。

圖 3-5-6 **第一銅98年度財務報告書附註五**

單位：千元

列入 營業成本 項下之存貨相關損失（利益）明細如下：

		98年度	97年度
未分攤固定製造費用	$	49,547	-
存貨跌價及呆滯損失（回升利益）		(681,439)	673,367
存貨盤盈淨額		(1,594)	(1,659)
	$	(633,486)	671,708

資料來源：公開資訊觀測站

威力強大的存貨鐵金剛

有關存貨的分析，一種是前述的相同存貨水準的價格變動，另一種是動態的存貨增減與市場價格連動結果的推估。

本章一開始提示，大多數電子產業的存貨出現損失後，幾乎可以視為不會有存貨回升利益的可能。但台灣電子產業複雜，且以國際大廠供應鏈為主，因此少部分企業的存貨價值與商品價格高度正相關。例如DRAM模組產業，就是個電子產業中存貨可以預期回升利益的標準教材。

威剛科技（3260）是台灣知名的記憶體模組廠商，其股本約24億元，景氣好的時候公司可以大賺一個股本，賠錢的時候也可以虧一個股本。金融海嘯之後，DRAM在2009年曾經復甦過一年，之後便一直欲振乏力，如果長期追蹤威剛的人，會注意到DRAM價格102年5月底時已經開始反彈，在觀察102年第1季季報中，第1季EPS是3.2元，超過101年全年EPS的3.04元，投資人應該感到疑惑，為什麼一家營收差不多的公司EPS會大幅上揚？圖3-5-7中，102年第1季營收與101年第1季營收皆達到70億元以上，但是毛利率卻由9%上升到18%，生意只多做不到10%，毛利卻足足增加了一倍，難道是生產良率大增，還是成本控管得當？

圖 3-5-7 威剛102年度第1季合併綜合損益表

單位：千元

項目		附註	102 年 1 至 3 月		101 年 1 至 3 月	
			金　額	%	金　額	%
4000	營業收入	六(二十四)及七	$ 7,648,759	100	$ 7,074,495	100
5000	營業成本	六(二十八)(二十九)及七	(6,326,072)(	82)(	6,415,708)(	91)
5900	營業毛利		1,322,687	18	658,787	9

資料來源：公開資訊觀測站

　　這時候我們進一步去附註六查詢（如圖3-5-8）。原來第1季出現了0.58億元的存貨回升利益，0.58億元對於76.5億元的營收看起來是小巫見大巫，但讀者不要會錯意，威剛股本才24億元，這0.58億元的貢獻已經可以讓EPS一季上升0.24元，扮演小兵立功的角色。

圖 3-5-8 威剛102年度第1季合併財務報表附註六

單位：千元

	102年第一季	101年第一季
已出售存貨成本	$ 6,318,490	$ 6,386,058
存貨(回升利益)跌價損失	(58,351)	13,494
其他	57,526	(4,117)
小計	6,317,665	6,395,435
其他營業成本	8,407	20,273
總計	$ 6,326,072	$ 6,415,708

資料來源：公開資訊觀測站

　　讀者可能誤以為故事到此結束，這家不過是靠存貨價值的調整在賺錢的公司，鐵定沒有搞頭。然而，所謂的「投資是門藝術」，指的就是這個情況。我們又觀察到資產負債表，威剛的存貨水準從39.6億元，大幅上揚到56.4億元，增加了四成（圖3-5-9）。這種DRAM模組的廠商，存貨有市場報價，而且相對於其他電子產品較容易出售，要加工生產成為成品也相當快速。

圖3-5-9 威剛102年度第1季合併資產負債表

單位：千元

資　　　産	附註	102 年 3 月 31 日 金 額	%	101 年 12 月 31 日 金 額	%
流動資產					
1100 現金及約當現金	六（一）	$ 2,098,908	11	$ 1,741,573	11
1110 透過損益按公允價值衡量之金融資產－流動	六（二）	239,388	1	116,359	1
1125 備供出售金融資產－流動	六（三）	17,007	-	6,413	-
1150 應收票據淨額		11,421	-	4,786	-
1160 應收票據－關係人淨額	七	-	-	-	-
1170 應收帳款淨額	六（五）	2,160,540	11	1,896,614	12
1180 應收帳款－關係人淨額	六（五）及七	102,230	-	267,305	1
1200 其他應收款		639,364	3	483,524	3
1210 其他應收款－關係人	七	454	-	499	-
130X 存貨	六（六）	5,637,413	29	3,955,129	24
1410 預付款項	六（七）及七	503,789	3	615,825	4
1470 其他流動資產		683,703	3	643,376	4
11XX 流動資產合計		12,094,217	61	9,731,403	60

資料來源：公開資訊觀測站

　　而不論是產業研究員、基金操盤手，又或是外部投資人，再怎麼懂也不可能比經營團隊還要懂DRAM市場。經營團隊在DRAM出現價格初步回升時期，又大舉提高庫存水準，我們可以查覺到，公司對於DRAM市場存在某種企圖心。

　　正如先前分析所述，這種存貨價值與商品價格高度相關的公司一旦景氣回升，不但本業營運回穩，同時會有存貨回升利益加持，這時候公司又大舉提高存貨，也就等同於在市場低迷時，布局了大量低成本的庫存，如果DRAM價格逐季上升，你想公司會有什麼樣的表現呢？一定是營收與存貨回升利益兩者互相輝映，把EPS推到最高點！

　　如果我們理性分析，會剔除並且忽略那些一次性的利益，然而金融市場經常是不理性的，不管獲利來源是什麼、品質如何，只要EPS表現亮眼，股票市場就能夠有讓人遐想與炒作的題材。

　　所以，在看到第1季季報時，我們看到公司發生存貨回升利益，而且還重壓存貨、看好未來，這時候我們就已經可以提前預測，只要DRAM價格逐步攀高，威剛就能夠讓存貨利益大幅貢獻給EPS，這種公司的特色是，如果營收又上揚，本業的營運在存貨利益的光環之下，就會變成市場當紅炸子雞。

　　第2季時DRAM平均價格盤整兩個半月，但價格幾乎都在第一季之上，存貨利益應該不大。直到第2季季報公布，雖然單季營收上漲3成，毛利率維持在19%，EPS上升至5.35元。但同樣地，我們去查第2季的財務報告書附註（圖3-5-10），換算單季存貨跌價損失了0.92億元認列在營業成本當中，影響EPS約–0.38元。股價在6到8月之間盤整了3個月，我們再仔細看

第2季存貨金額（圖3-5-11）為64.6億元，較第1季小幅增加

14%，這時候我們可以繼續觀察第3季的表現（圖3-5-12）。

圖3-5-10 威剛102年度第2季合併財務報告書附註六

單位：千元

2. 當期認列之存貨相關費損：

	102年前二季	101年前二季
已出售存貨成本	$ 13,602,911	$ 12,758,494
存貨跌價損失（回升利益）	33,490	（ 34,126）
其他	60,529	（ 7,664）
小計	13,696,930	12,716,704
其他營業成本	17,119	43,833
總計	$ 13,714,049	$ 12,760,537

資料來源：公開資訊觀測站

圖3-5-11 威剛102年度第2季合併資產負債表

單位：千元

	資　　　產	附註	102 年 6 月 30 日 金　額	%	101 年 12 月 31 日 金　額	%
	流動資產					
1100	現金及約當現金	六（一）	$ 1,857,465	8	$ 1,741,573	11
1110	透過損益按公允價值衡量之金融資產－流動	六（二）	255,181	1	116,359	1
1125	備供出售金融資產－流動	六（三）	44,721	-	6,413	-
1150	應收票據淨額		11,633	-	4,786	-
1160	應收帳款－關係人淨額	七	-	-	-	-
1170	應收帳款淨額	六（五）	2,344,016	11	1,896,614	12
1180	應收帳款－關係人淨額	六（五）及七	294,998	2	267,305	1
1200	其他應收款		910,920	4	483,524	3
1210	其他應收款－關係人	七	419	-	499	-
1220	當期所得稅資產	六（三十）	-	-	-	-
130X	存貨	六（六）	6,459,935	29	3,955,129	24

資料來源：公開資訊觀測站

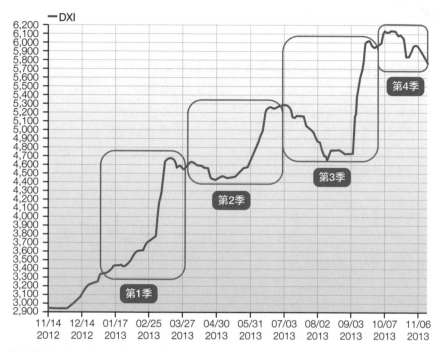

圖 3-5-12 **DRAMeXchange Index**

資料來源:http://www.dramexchange.com

　　第3季初DRAM平均價格不但先下跌兩個月,水準也沒有比第2季還高,但9月4日海力士一把大火,導致供需吃緊,把DRAM平均價格指數大幅往上往拉抬到6132點。第3季季報公布時,威剛單季營收雖然較第2季下滑,毛利率也下滑至6%,單季EPS僅0.44元,但存貨損失僅0.22億元,影響EPS-0.09

元，資產負債表裡的存貨也減少了16億元（見表3-5-1）。

表3-5-1 威剛102年前3季庫存損益變化

影響	第1季	第2季	第3季
存貨增減（千元）	1,682,284	822,522	−1,623,697
單季存貨損益（千元）	58,351	−91,841	−22,648
對EPS影響（元）	0.24	−0.38	−0.09

資料來源：公開資訊觀測站

　　結至2013年10月初，威剛已經由102年年初的30幾元，上漲到90幾元，就是在本業業績與DRAM市場報價，加上存貨損益預期的互相影響之下股價一路過關斬將，直到公布第3季EPS不到1元，股價才大幅回檔。第4季尚未結束，目前DRAM價格仍在相對高檔，這時候投資人就要聯想到，如果DRAM價格出現連續兩個月以上上漲，威剛到時候又可能有較高額的存貨回升利益。

　　對於這樣的股票，你可以看不懂，你可以不去玩，但不要只是看它30幾元漲了兩、三倍，就手癢想要去放空，或是在90幾元高檔的時候不顧第3季一開始的市場下滑，又進場追價。別忘記了要去看看DRAM報價是否相對前一季仍在高檔，公司業績是否逐步增強，若又有存貨利益回升的加持，這時候若想去放空

他，不是技巧太高明了，就是太傻太天真。

　　儘管存貨價格變動騙不過明眼人，但是金融市場不免還是會配合媒體，一起演出這種存貨調整的利多與戲碼。理想的投資狀況是，這家公司出現大幅存貨跌價損失，而本業沒有惡化太多的時候，我們沒有在車上，所以股價下跌的時候，我們並不會受傷，但是爾後搭配企業營運回升的時機，存貨回升利益就會是個不錯的題材。投資人要掌握的原則，是先行評估對於EPS影響數，並且確認企業營收有上升趨勢，並且掌握到商品價格報價的上升，就可以先行期待有此額外加分的效應，可以用短線投機的心態，在利多消息實現的時候賣出。而IFRSs新制上路之後，企業的毛利率變動加大，投資人務必剔除存貨層價值變動的影響，才可以進一步看出企業經營的全貌。

　　有關存貨項目的變動，投資人不一定要隨市場起舞，但也必須要認識的是市場會玩什麼會計規則的遊戲，起碼夠保護自己，不至於被媒體消息沖昏了頭。

海市蜃樓：資產重估

　　根據主計處統計，從2001年開始至2012年，每年消費者物價指數（CPI）相較上一年度同期，漲跌幅在−0.28%到3.52%之間波動；在同一時間，台灣平均月薪則在新台幣41,960元到45,888元間，似乎民生物資與薪資的漲跌幅相去不遠，事實上，最讓市井小民深感購買力下降的項目，莫過於不動產的價格。

　　我們只要聽到「漲價」，就會不由得情緒激動起來，然而，物價通貨膨脹並不是「均衡」的，若以2001年為基期，房仲業者針對特定地區進行分析，到了2012年底，台北市房價上漲253.48%，新北市地區則上漲242.93%，和民生物資的漲跌幅相去甚遠——這也代表我們應該思考，一間企業擁有的固定資產，究竟有多少價值？固定資產價值對於與企業有借貸、抵押關係的銀行以及股東而言，是相當重要的資訊，全台灣近900萬股民的荷包，也有連動的關係。

資產的耗損與跌價，侵蝕EPS的折舊與減損損失

　　營業用資產的定義非常廣泛（如表3-6-1），看到這張表，大家可別以為開始要學會計了，只是因為企業平時提列折舊、折耗、攤銷的多寡（如第2章的穩懋）都會影響到EPS；另外，企業一次性「突襲」地提列減損損失，威力更是驚人，如福聚能（4975）101年本業已經虧損，再提列固定資產減損8.18億，更是雪上加霜，純損高達42.70億元，EPS為–6.54元；而宏碁（2353）101年即使本業賺錢，認列無形資產（Gateway、Packard

表3-6-1 營業用資產的定義

分類			隨使用耗損提列^(註2)	一次性提列
有形營業用資產	不動產、廠房及設備	土地^(註1)、房屋、機器設備、運輸設備、辦公設備	折舊	減損損失
	投資性不動產	土地^(註1)、房屋、廠房	折舊	減損損失
	遞耗資產	油氣資產	折耗	減損損失
無形營業用資產	無形資產	專利權、商標權、著作權、特許權等	攤銷	減損損失
	商譽		不提列攤銷	減損損失

（註1）「土地」在物以稀為貴、有土斯有財的觀念下，在會計上亦是不提列折舊。
（註2）折舊、折耗、攤銷會計用語不同，但是對投資人的影響相同。

Bell、eMachines 及倚天商標權）減損 34.96 億後，由盈轉虧，淨損 29.10 億元，EPS 為 –1.07 元。因為折舊（折耗、攤銷與折舊名詞不同，但意義相同）與減資這些議題影響 EPS 甚鉅，所以投資人不可不知。本節將先說明要提列折舊、折耗與攤銷的營業用資產。至於不提列攤銷的商譽，則留待第 7 節中介紹。

每次課堂上，大家只要聽到「資本支出」、「折舊」、「累積折舊」、「帳面價值」、「減損」等關於營業用資產的會計專有名詞，往往丈二金剛摸不著頭緒，但是投資人花些時間搞懂這些意義，可是十分值得的，因為這些觀念最終會影響市場最在意的 EPS、自由現金流量。

在討論資產重估議題前，要先了解企業如何產生營業用資產，也就是要先了解一筆資本支出如何在財務報表上表達開始。為了方便大家了解，以一個極度簡化的例子，企業為了擴充廠能，投入資本支出 2 億元，耐用年數 2 年，所以每年折舊為 1 億元（如表 3-6-2）。

投資人可以看出，現金流量表中 CFI 流出現金 2 億元才是企業的經濟實質，這筆現金支出未來要能為企業帶來營業收入、獲利、CFO，企業才會有利可圖。「折舊」只是會計上為了顯示機器設備隨著使用耗損，而變為成本或費用（工廠發生的折舊為成本，辦公室發生的折舊為費用，已於第 2 章中說明過），所以在

表3-6-2 一筆資本支出在合併財務報表上的表達

合併財務報表	第1年底		第2年底	
綜合損益表	折舊	1億	折舊	1億
	淨利	（1億）	淨利	（1億）
現金流量表	淨利	（1億）	淨利	（1億）
	加：折舊	1億	加：折舊	1億
	CFO	0億	CFO	0億
	CFI	（2億）		
資產負債表	成本	2億	成本	2億
	減：累積折舊	（1億）	減：累積折舊	（2億）
	帳面價值	1億	帳面價值	0億
資產負債表 提列減損損失	成本	2億	成本	2億
	減：累積折舊	（1億）	減：累積折舊	（1億）
	減：累積減損	（1億）	減：累積減損	（1億）
	帳面價值	0億	帳面價值	0億

重要觀念

$$折舊 = \frac{成本-殘值}{耐用年數}$$

綜合損益表中每年都要顯示這筆成本或費用，降低EPS；資產負債表也因使用耗損，「累積折舊」逐年增加（折舊的累加數），「帳面價值」則由剛購買時的2億元，減為1億元最後變為0元，逐年減少。

在第一年底，如果這筆帳面價值為1億元的固定資產，經判斷已永久無法再替企業帶來任何效益，那麼就要提前提列「一次性」的減損損失1億元，嚴重降低EPS，而在資產負債表上，固定資產也要被迫提前出局，雖然會計上不會將相關的科目連根拔起，但帳面價值就直接變為0元了。

千頭萬緒的資產重估

採用IFRSs後，多加了一個新朋友「投資性不動產」，先將資產重估新舊差異表列如表3-6-3，再來好好說明對投資人的影響。

看了資產重估的「前世今生」，大家可先別嚇壞，因為目前只有101年1月1日採用IFRSs第一天的開帳日（轉換日），可以允許企業在轉換日時將一般性不動產、投資性不動產「一次採用」重估價、公允價值，做為不動產新的成本（認定成本）。

除此之外，金管會目前為了保障投資人，避免因公允價值衡量之專業判斷，或公允價值波動太大，影響企業財務報表之表達，造成投資人的誤解，所以，101年1月1日開完帳已經增值過的金額，就變成企業財務報表上新的「成本」，未來還是只能採用「成本模式」，不能再隨意調整金額，將來等到市場更成熟，才會再考量是否開放重估價模式與公允價值模式。

表3-6-3 資產重估在新舊制下的差異

制度	ROC舊制	IFRSs新制	
會計項目	固定資產	一般性不動產	投資性不動產
成本模式	成本模式 成本 減：累積折舊 減：累積減損 帳面價值	成本模式 成本 減：累積折舊 減：累積減損 帳面價值	成本模式 成本 減：累積折舊 減：累積減損 帳面價值
資產重估	按公告現值／物價指數調整 土地重估按公告現值調整； 土地以外的固定資產依法向稅務稽徵機關申請辦理重估。	重估價模式 成本 減：累積折舊 減：累積減損 帳面價值	公允價值模式 • 以公允價值衡量，公允價值之變動於NI中認列 • 認列租金收入 • 不提列折舊

　　先來說明一般性不動產在新舊制下101年1月1日的轉換，以遠東集團下的宏遠（1460）為例（圖3-6-1），土地原始成本為1.67億元（占101年1月1日總資產比例為2%），於100年及97年辦理二次土地重估後（圖3-6-2），公告現值為6.43億元，故認列重估增值—土地4.76億元（占總資產比例為5%），同時亦認列了未來的土增稅負債1.70億元，差額認列為股東權益其他項目—未實現重估增值3.06億元。

　　而在101年1月1日轉換為IFRSs新制後，土地就以公告現值6.43億元，直接做為土地新的認定成本來開帳，同時將負債項目

圖 3-6-1 宏遠的土地重估（舊制 vs 新制）

單位：千元

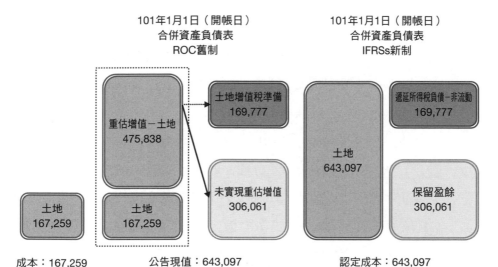

101年1月1日（開帳日）
合併資產負債表
ROC舊制

101年1月1日（開帳日）
合併資產負債表
IFRSs新制

重估增值－土地
475,838

土地增值稅準備
169,777

遞延所得稅負債－非流動
169,777

土地
643,097

未實現重估增值
306,061

保留盈餘
306,061

土地
167,259

土地
167,259

成本：167,259　　　公告現值：643,097　　　認定成本：643,097

資料來源：公開資訊觀測站，101年度、102年Q1合併財務報表

圖 3-6-2 宏遠辦理土地重估情形

單位：千元

本公司分別於一〇〇及九十七年度辦理土地重估情形如下：			
年 度 月 份	重估增值總額	土地增值稅準備	未實現重估增值
九十七年九月	$ 437,748	$ 165,409	$ 272,339
一〇〇年十二月	38,090	4,368	33,722
	$ 475,838	$ 169,777	$ 306,061

資料來源：公開資訊觀測站，101年度合併財務報表

重分類為遞延所得稅負債—非流動1.70億元，股東權益項目則重分類為「保留盈餘」3.06億元。

資產重估的好處是同時增加資產、股東權益，可以提升每股淨值，但是除非出售，對於未來獲利卻無實質助益，分子不變（淨利）、分母增加（資產、股東權益），反而還會降低市場與投資人最在意的ROA與ROE。

宏遠（1460）在101年1月1日舊制下原本有待彌補虧損12.06億元，因為此項重分類3.06億元，併同其他IFRSs轉換的保留盈餘調整合計數共5.09億元，使得101年1月1日開帳後待彌補虧損有所好轉，縮小至6.97億元（圖3-6-3）。投資人在比較3-5年的股東權益項目時，看到這種情況，可別以為公司是因為大獲

圖3-6-3 宏遠101年1月1日因IFRSs轉換減少待補虧損實例

單位：千元

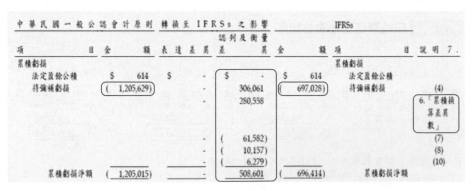

資料來源：公開資訊觀測站，102年Q1合併財務報表

利而彌補了虧損，要好好判斷是否因為來自於 IFRSs 的轉換。

另一種假設的情況是，如果宏遠經過此次轉換，原本待彌補虧損 12.06 億元，轉換後變為「正數」的保留盈餘 6.97 億元，股東們也別看到這保留盈餘，就期待公司會發放現金股利來回饋大家。如同在台灣過去房價只漲不跌的 10 年中，大家都暗自開心自己的房子價格在上漲，但是套一句大家常帶著微笑回應的話，「只有一間，賣掉了要住哪？」在一樣的邏輯下，未實現重估增值只是「看的到，卻吃不到」，因此未實現重估增值 3.06 億元將先轉列保留盈餘，再轉列至「特別盈餘公積」，一樣是無法任意發放現金股利。（圖 3-6-3 中的累積換算差異數 2.81 億元，一樣要提列至「特別盈餘公積」。）

另外，投資人必須注意的是，無論在舊制或是 IFRSs 新制，台灣的土地價值是按政府公告現值進行重估的，但台灣土地市值與公告現值卻是脫鉤的，資產重估是否真能反映出公允價值？重估後，廠商是否能夠創造出能夠變成現金流量的營收？還是只是一場海市蜃樓的遊戲？

有看頭的投資性不動產

新制實行後，大家要多花時間認識一位財報新朋友——投資

性不動產;要列在這個項目,可沒這麼容易,要符合「為賺取租金或資本增值或兩者兼具之目的而持有的不動產」的條件才能列入。所以投資人一見到企業有此投資性不動產,可以立即聯想到企業已經當起包租公來,或是未來即將出售此項資產,不管是符合哪一項條件,對於企業的獲利都會有不錯的助益。

對獲利這麼有幫助的投資性不動產,要如何從無到有,轉換至101年1月1日開帳日的IFRSs報表上呢?對於本來就符合條件的不動產,一種是按照舊制資產重估後的金額(重估價)來認列(如同前述宏遠(1460)的方法);另一種則特別開放以「公允價值」來認列,這裏的公允價值可不是找個鑑價師來鑑價就可以決定,而是要符合「持續出租狀態,能產生中長期穩定的現金流量」的狀態,並將這些穩定的現金流量按加權平均資金成本(WACC)折現來計算。

以國泰金(2882)下的國泰人壽為例(圖3-6-4),將租金按WACC折現計算後,101年1月1日投資性不動產淨增值數為679億元,先填補因首次採用IFRSs退休金、員工福利金等項目所造成之不利影響125億元後,淨額554億元認列為不動產增值特別準備(負債項目)。

此外,按主管機關規定,自102年1月1日起,這554億元的負債,有20%的111億元要保留於負債項目中,另外80%的

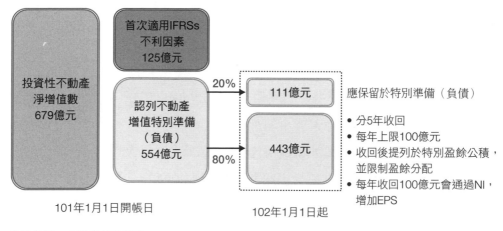

圖 3-6-4 國泰金下的國泰人壽投資性不動產增值影響

資料來源：公開資訊觀測站
102 年 Q1 國泰人壽合併財務報表；國泰金法說會資料

443 億元，可以分 5 年，每年 100 億元通過本期純益（NI），再提
列於特別盈餘公積（股東權益項目）。國泰人壽 102 年 Q1 收回
24.90 億元，對於 EPS 的貢獻不小，當然，這部分的特別盈餘公
積是限制盈餘分配。

開放「重估價模式」、「公允價值模式」後的影響

如前所述，101 年 1 月 1 日的開帳金額可以用重估價（如宏
遠）或公允價值（如國泰人壽），101 年 1 月 1 日開完帳已經增值

　　過的金額，就變成企業財務報表上新的「成本」，後續還是只能採用「成本模式」，不能再隨意調整金額。一直到103年1月1日，金管會才開放了「投資性不動產」後續衡量可採用「公允價值模式」。

　　按照IFRSs新制規定（如圖3-6-5），一般性不動產的「重估價模式」與投資性不動產的「公允價值模式」，對企業財報影響最大的是「公允價值模式」，因為公允價值模式的任何價值增減變動要認列在綜合損益表的本期淨利（NI），都會影響EPS，而非「重估價模式」的其他綜合損益（OCI）。在這樣的規定下，投資性不動產的增值會直接認列於淨利當中，進而美化EPS。

圖3-6-5 重估價模式與公允價值模式

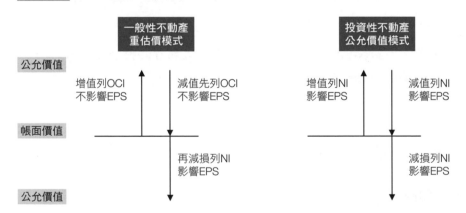

絕世武功的起手式

　　當金管會宣布開放「投資性不動產」後續衡量可採用「公允價值模式」時，由於該增值利益屬於「未實現利益」，金管會為了避免上市櫃公司立即分配投資性不動產的增值利益，因此規定其增值利益認列在保留盈餘，再同步提存至「特別盈餘公積」，無法任意發放現金股利。

　　有關公允價值的估價方法，除未開發的土地採「土地開發分析法」外，其餘投資性不動產的公允價值應採「收益法」衡量。有關估價的參數部分，現金流量的估算須考量當地租金行情且以不逾10年為原則，折現率不得低於二年期郵政定期儲金小額存款機動利率加3碼（目前為2.125%）來估算*。僅保險業不受限制，可採用「市場法」及「收益法」擇一。

　　也就是說，當103年1月1日起，公司開始採行「公允價值模式」時，投資性不動產增值利益，只能「先」認列在股東權益的保留盈餘當中，增加了總資產、股東權益，提升了總淨值，也改善了負債比率。雖然增加了股東權益，卻不影響EPS，反而降

---

*　折現率是一種金融資產的估價方式，折現率越低，表示金融資產的價格越高，而金融資產的年期越長，對折現率變動越敏感，越長年期的金融產品折現率只要稍微下降，其價格增加幅度越大。此外，折現率也會受到利率環境影響，金融市場利息逐步上升，折現率通常也會跟著上升，使得金融產品的估價產生下跌。

低了ROE與ROA的表現。

你光看了這些規定，可能還是哈欠連連，以為枯燥無味，但魔鬼還是藏在細節當中，金管會還規定上市櫃公司採用公允價值模式後，每年必須檢討評估公允價值之有效性。這時候再產生的增值利益，就會直接表達在EPS當中了。

用一個簡單的例子來說明（圖3-6-6）。有一家TLDC土地開發公司於102年12月31日，投資性不動產帳上金額為60億元。在103年1月1日起，後續衡量改採用「公允價值模式」，依規定要重編102年報，102年12月31日投資性不動產公允價值為90億元，因此該公司於102年12月31日認列30億元的保留盈餘，

圖3-6-6 TLDC採用公允價值模式後對財報影響

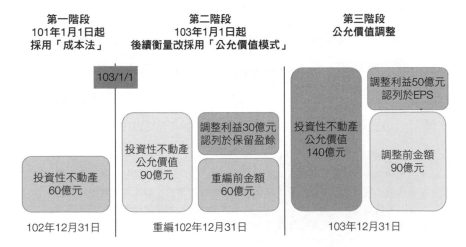

| 第一階段
101年1月1日起
採用「成本法」 | 第二階段
103年1月1日起
後續衡量改採用「公允價值模式」 | 第三階段
公允價值調整 |

103/1/1

調整利益50億元認列於EPS

投資性不動產公允價值140億元

調整前金額90億元

調整利益30億元認列於保留盈餘

投資性不動產公允價值90億元

重編前金額60億元

投資性不動產60億元

102年12月31日　　　重編102年12月31日　　　103年12月31日

大幅增加公司資產與淨值，對 EPS 沒有影響。不過該筆投資性不動產於 103 年第 4 季時，再重新估價為 140 億元，因此增加了 50 億元調整利益，TLDC 當季綜合損益表 EPS 暴增，股價大漲。

價格大漲的台開

台開（2841）是一家與總統家族的駙馬爺有過一段交集的公司，許多資深小股民對這家公司也是敬而遠之。但是 104 年 3 月初，台開公布 103 年年報，本業營業利益約 9.57 億元，在 IFRSs 規定下，採公允價值模式評價，這部分約有 45.48 億元的利益調整，全年淨賺了 53.12 億元，EPS 8.13 元，此後股價一路向北，由 11 元直奔 17.95 元。台開開了台灣投資性不動產公允價值調整影響 EPS 的第一槍。

我們可以看看台開 103 年的綜合損益表（圖 3-6-7），損益表出現了「其他利益及損失」將近 44.99 億元的其他利益。我們再依照標示去細查同一份報表中的附註 25（圖 3-6-8），原來裡面出現了「投資性不動產公允價值調整利益」45.48 億元。

為什麼一家土地開發公司可以一夕之間爆衝 45.48 億元的利益調整呢？這其實有很多眉眉角角。首先，由於金管會的規定與限制，當企業第一次採行公允價值模式時，可以透過許多方法讓

圖 3-6-7 台開103年度合併綜合損益表

台灣土地開發股份有限公司及子公司
合併綜合損益表
民國103年及102年1月1日至12月31日

單位：新台幣仟元
（除每股盈餘為新台幣元外）

項目	附註	103 年 度 金 額	%	（調整後） 102 年 度 金 額	%
4000 營業收入	六(四)(二十三)	$ 1,791,486	100	$ 2,536,417	100
5000 營業成本	六(五)(二十七)	(61,061)	(3)	(1,078,250)	(43)
5950 營業毛利淨額		1,730,425	97	1,458,167	57
營業費用	六(二十七)(二十八)				
6100 推銷費用		(311,182)	(17)	(281,261)	(11)
6200 管理費用		(462,134)	(26)	(288,350)	(11)
6000 營業費用合計		(773,316)	(43)	(569,611)	(22)
6900 營業利益		957,109	54	888,556	35
營業外收入及支出					
7010 其他收入	六(二十四)	23,537	1	15,718	1
7020 其他利益及損失	六(二十五)	4,498,881	251	1,666,235	66
7050 財務成本	六(二十六)	(15,692)	(1)	(18,394)	(1)
7060 採用權益法認列之關聯企業及合資損益之份額	六(六)	(3,279)	-	-	-
7000 營業外收入及支出合計		4,503,447	251	1,663,559	66
7900 稅前淨利		5,460,556	305	2,552,115	101
7950 所得稅費用	六(二十九)	(148,541)	(8)	(51,153)	(2)
8200 本期淨利		$ 5,312,015	297	$ 2,500,962	99
其他綜合損益（淨額）					
8310 國外營運機構財務報表換算之兌換差額		$ 1,753		$ 3,172	
8500 本期綜合利益總額		$ 5,313,768	297	$ 2,504,134	99
淨利（損）歸屬於：					
8610 母公司業主		$ 5,312,165	297	$ 2,500,962	99
8620 非控制權益		(150)	-	-	-
		$ 5,312,015	297	$ 2,500,962	99
綜合損益總額歸屬於：					
8710 母公司業主		$ 5,313,918	297	$ 2,504,134	99
8720 非控制權益		(150)	-	-	-
		$ 5,313,768	297	$ 2,504,134	99
每股盈餘	六(三十)				
9750 基本		$ 8.13		$ 3.87	
9850 稀釋		$ 8.12		$ 3.86	

圖3-6-8 台開103年度合併財務報表附註

(二十五)其他利益及損失

	103年度	102年度
不動產、廠房及設備減損(迴轉利益)損失	$ 16,385	($ 18,872)
投資性不動產公允價值調整利益	4,547,595	1,706,257
處分不動產、廠房及設備損失	(11)	-
處分投資性不動產損失	(455)	-
手續費	(40,450)(	8,264)
兌換利益(損失)	1 (	522)
什項支出	(24,184)(	12,364)
	$ 4,498,881	$ 1,666,235

估價師採用較為保守的估計，或是採用較高的折現率，使得一開始價值增加幅度較小。金管會又要求達委外估價門檻*（2）與

---

* 一般產業投資性不動產委外估價規定

　1. 委外估價門檻：

	持有投資性不動產單筆金額	評價方法
（1）	未達實收資本額20%及3億元者	得採自行估價或委外估價
（2）	達實收資本額20%或3億元以上	應取得估價師出具之估價報告或自行估價並請會計師出具複核意見
（3）	達總資產10%以上者	應取具2家以上估價師出具之估價報告或取具聯合估價師事務所2位估價師出具之估價報告或取具1位估價師出具之估價報告，並請會計師就合理性出具複核意見

　2. 委外估價之估價師以及複核會計師應符合一定資格條件。

（3）的標準者，至少每年應取具估價師之估價報告及會計師合理性複核意見，只要再找合格估價師採用較接近現況的參數來調整價值，這時候就可以獲得大幅的利益調整。

看到EPS暴衝，股價連漲十幾根漲停板，投資人一定異常興奮。不過，要注意的事情是「在江湖混，總有一天要還」，這樣子的利益調整，如果遇到房地產不景氣，將來可是會在EPS上一點一滴變成其他損失地討回來。此外，由於採用折現法的特性，將來如果利息反轉上升，會導致公允價值下滑，這也是投資人不得不防範的地方。採用公允價值模式的企業反而增加了損益的波動性，不利於公司的穩定經營。

這時候讀者就會好奇了，到底還有哪些公司像台開一樣，投資性不動產後續衡量已經改採用IFRSs的公允價值模式呢？這裡提供一個研究方法。由於金管會規定103年1月1日起，後續衡量採公允價值模式，必須重編102年的財務報表，依照這個特性，我們就可以設定101年公布的投資性不動產，如果到了102年第1季的季報出現很大的金額變動，雖然投資性不動產的增加很可能是企業買入新的土地資產，但如果變動幅度很大，我們可以猜測這家公司很可能採用了公允價值模式（表3-6-4）。因此，我先將變動程度超過120%的公司整理出來。

表3-6-4 後續衡量可能已採用公允價值模式之上市櫃公司

單位：千元

股票代號	股票名稱	變動比率 (1)=(3)/(2)	101年12月31日 投資性不動產(2)	102年3月31日 投資性不動產(3)	已採用公允 價值模式
2420	新巨	34255%	7,773	2,662,659	－
6172	互億	18554%	1,994	369,960	○
2722	夏都	1247%	29,396	366,585	－
5287	數字	541%	18,773	101,488	－
1102	亞泥	428%	6,928,380	29,672,144	○
6264	富喬	404%	23,519	95,008	－
2362	藍天	388%	17,034,343	66,043,187	○
1402	遠東新	299%	36,155,930	108,077,272	○
2466	冠西電	292%	154,585	450,814	○
2923	F-鼎固	277%	21,474,180	59,516,702	○
2017	官田鋼	253%	222,191	562,250	－
4904	遠傳	250%	459,483	1,148,584	○
2354	鴻準	222%	57,917	128,610	－
2376	技嘉	218%	46,915	102,338	－
5525	順天	211%	956,730	2,020,756	－
2535	達欣工	206%	24,045	49,452	－
2317	鴻海	196%	1,231,003	2,408,824	－
2614	東森	164%	4,184,620	6,867,000	○
2882	國泰金	147%	171,103,918	252,233,322	○
2903	遠百	146%	2,089,416	3,043,814	○

（續下頁）

表3-6-4 **後續衡量可能已採用公允價值模式之上市櫃公司** （續上頁）

單位：千元

股票代號	股票名稱	變動比率 (1)=(3)/(2)	101年12月31日 投資性不動產 (2)	102年3月31日 投資性不動產 (3)	已採用公允價值模式
5533	皇鼎	143%	520,213	743,489	—
1456	怡華	142%	1,282,181	1,821,233	○
8097	常理	140%	229,725	321,048	○
2377	微星	135%	146,836	198,524	—
3252	海灣	133%	1,520,617	2,023,477	○
2305	全友	133%	136,047	181,017	○
2841	台開	133%	548,693	729,325	○
3128	昇銳	132%	13,869	18,307	—
4930	燦星網	129%	164,951	213,328	—
6605	帝寶	126%	81,254	102,691	—

　　上面的步驟幫我們縮小範圍後，要再作進一步的確認，也是一件十分容易的事。因為投資性不動產後續衡量改採用公允價值模式，會計師會在查核報告中以一段「說明段」，提醒投資人注意這樣的會計政策變動。所以，再去翻閱103年會計師查核報告，答案就出來了。最後，將確認完是否已採用公允價值模式的結果，整理於表3-6-4最後一欄，讓讀者們可以作後續的追蹤與研究。

　　投資性不動產後續衡量採公允模式後，雖然讓台灣上市櫃公司財報與國際接軌，但同時也增加了企業財報分析的難度。多數會計從業人員或是證券分析人員，並非專業的不動產估價師，在分析上已經有跨專業領域的障礙；加上公允價值的評價，可以隨著公司政策在時間上與價格呈現上，讓企業有較大的操作的彈性與空間，要分析採用公允價值模式的公司就變得是難上加難。但如果你是技高人膽大的箇中好手，依舊可以依照上方提供的表格，去尋找那些潛在的公允價值模式受益股。

　　採用公允價值模式之後，企業就無法再改回原本的成本法，因為隨著資產價值跟著市場浮動，也不再提列折舊。但是隨著總體經濟環境與房地產市場的景氣波動，同時增加了這些公司在未來損益上的不穩定性。雖然淨利暴衝的結果讓人感到雀躍，但你得想想自己是否能夠事先就在車上，如果已經在車上，你也要擔心未來是否會有令人驚訝的調整損失？

　　回到本書初衷，初學的投資人如果對於這些分析手法無法掌握，最好還是直接避開那些公司，才是明哲保身的第一步。而已經進階財務分析熟練的投資人，或是已經能將本書倒背如流的讀者，可以好好分析我篩選出來的公司名單，相信你也能察覺那些別有洞天的財務報表。

3-7

商譽是用錢砸出來的

「商譽有什麼好看的？我只是想找個好時點，買張好股票，不是要考會計師，不用懂這個吧？」從本章一路看下來的讀者，翻到此處，必然有這個困惑，可能還想快手一翻，直接跳過這段文字。但我必須告訴你，商譽對投資人選股的效用是「有看到，就賺到」。因為在台灣，部分產業／上市櫃企業的發展陷入瓶頸，未來極有可能透過積極整併，進行體質調整或增加國際競爭力；再加上政府正規畫私募基金相關修法，放寬規定以引進國際資金，加速國內產業升級，也會帶動台灣的併購風潮等產業調整或制度變革，都將使商譽成為併購案進行的當下，左右台股投資人獲利與否的關鍵。

「商譽」和你想的不一樣

在以台股的併購實例解說之前，要請大家丟掉腦中對商譽的

想像和認知，因為90%以上的民眾及投資人，都會誤把管理學上的商譽，直接視為等同於財務報表中的商譽，其實兩者名詞雖然相同，但意義與內涵卻有出入。

管理學定義的商譽範圍很廣，它不只包括可量化的數字，還泛指消費者對一間企業長年經營累積出來的好感程度與口碑；而財務報表中的商譽有其專業的會計定義，是代表在某一樁（或累積）企業併購案中，存續企業願意支付給被併購公司的交易價格，而非指企業具有長期的投資價值。因此，上市櫃企業資產負債表上的商譽愈多，並不表示該公司就是「備受信賴、值得投資」的個股，因為這些商譽幾乎都是用錢砸出來的。這點，投資人千萬要弄清楚才行。

再者，在上市櫃企業的併購案中，認列的商譽多寡，也處處藏有蹊蹺。有些是著眼於長期的企業併購綜效，像是市占率的提升或關鍵技術及零組件的戰線完備，所以支付較高的併購價格；但也不乏私相授受的情形，例如買賣雙方是集團企業，為解決其中一方財務數字的問題或中飽公司派股東私囊，刻意調高併購價格，使商譽大增等。102年年初遭到檢調單位偵察的台苯（1310），以每股27.7元高價收購每股淨值僅9.8元的天籟溫泉會館股權，便是一例。

當一間公司100%併購另一間公司時，事實上是買對方總資

產減去總負債的淨值，也就等同購買被併購企業的股東權益。較常見的帳面戲法是在併購時，被併購企業先藉由鑑價來提高身價，再來哄抬商譽的價值。畢竟一間公司有多少現金無法哄抬，但廠房設備、固定資產價值多少，在不同的評價方法下就有「調整」的空間。

如圖3-7-1，情況1是A公司遇到老實的企業，未在鑑價上動手腳，所以併購價格等同於帳面價值。只是，這種極度理想化的情況並不多見，反倒是較「符合人性」操作的情況2、情況3最常出現。若B公司的固定資產大幅增值或商譽確有實際績效，那麼A公司併購B公司，只是差在買貴一點而已；要是一切都靠吹噓或作假，那麼A公司就「虧大了」。

併購效應需多方確認

在企業併購案「真虧vs.假虧」與「真賺vs.假賺」短時間難以分辨之下，投資人若想參與併購契機時，該怎麼進行投資評估呢？

首先，必須從產業面分析併購案帶來的最大效益為何？如果只是資產規模增加，就不能算具有最佳併購效益；要是併購後所取得的產能或技術，能有效提升企業的產業競爭力，進一步

圖3-7-1 上市櫃企業併購案例說明

情況1：併購價格＝帳面價值

當A公司併購B公司時，鑑價後的併購價格為50。

B公司
資產負債表

總資產100	負債　　50
（有形資產＋無形資產）	股東權益50

情況2：併購價格＞帳面價值

當A公司併購B公司時，B公司表示固定資產（如土地）價格遠高於帳面價值，故提出鑑價後的併購價格為60。

B公司
資產負債表

總資產110	負債　　50（不變）
（有形資產↑10＋無形資產）	股東權益60（50＋10）

情況3：併購價格＞帳面價值

當A公司併購B公司時，B公司表示除了固定資產（如土地）價格遠高於帳面價值外，且因該公司經營績效良好而擁有商譽，故提出鑑價後的併購價格為80。

B公司
資產負債表

總資產130	負債　　50（不變）
（有形資產↑10＋無形資產↑20）	股東權益80（50＋10＋20）

帶來營收和獲利者，就是「很有梗」的併購案。例如透過併購YouTube，一舉躍升為搜尋引擎及線上影音雙霸主的Google，以及受到台股市場高度關注的「雙M」（聯發科 vs. 晨星）聯姻，就是以技術為底的購併案，但最終是否能夠真的開花結果，投資人仍要從後續的經營績效中密切觀察。

接著，再從財報面來確認企業併購的方式是採取現金併購或換股併購。以圖3-7-2為例，當C公司併購D公司時，因為採現金併購或換股併購方式之不同，會對存續的C公司合併資產負債表產生不同的影響。

圖 3-7-2 現金 vs. 換股併購的合併資產負債表變化

情況1：C公司以現金併購D公司（商譽由現金購得）

C公司
合併資產負債表

總資產（C公司＋D公司）	總負債　（C公司＋D公司）
現金↓　商譽↑	股東權益（C公司）

情況2：C公司以換股併購D公司（商譽由發行股票換得）

C公司
合併資產負債表

總資產（C公司＋D公司）	總負債　（C公司＋D公司）
商譽↑	股東權益（C公司＋C公司換股新增股本） 股本↑ 資本公積－溢價發行↑

一般情況下，在合併後的效益不明之前，採取現金併購明顯較為不利，因為帳上現金會大幅流出（雖然股本不變），但也有例外的情況。像是全球第一大自行車鏈條廠桂盟（5306），為加快成為上市櫃企業的速度，先是入主上市公司（原訊康科技），接著在民國101年7月，購入桂盟企業100%股權，成功地以子公司翻轉成母公司的方式，完成借殼上市的程序（轉投資關係如圖3-7-3）。

這場交易以10億元的現金併購價格，取得桂盟企業淨資產（資產－負債）公允價值9.53億元，產生0.47億元的商譽（圖3-7-4）。但商譽金額（溢價取得部分）不算太大，卻可讓桂盟企業的營收、獲利就此併入桂盟的合併財務報表中，也省去申請上

圖3-7-3 桂盟轉投資關係圖

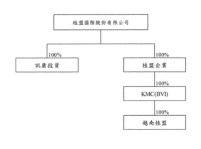

資料來源：101年股東會年報

圖3-7-4 桂盟合併桂盟企業商譽之計算

單位：千元

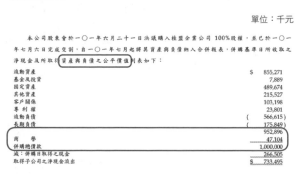

資料來源：公開資訊觀測站，101年合併財務報表

市櫃的諸多程序，直接獲取參與資本市場的效益，可算是相當聰明的現金併購案例。

　　至於換股併購，則是不用有任何現金支出，就能將被併購公司的商譽納入自己的資產項目中，尤其是這種情況下發行的新股，多半是溢價發行，頗有印股票換鈔票的意味。而換股併購的商譽計算，較現金併購來得複雜。以聯發科（2454）合併雷凌科技（3534）為例，在決定合併是採取雷凌科技普通股3.156股換

📖 換股併購的商譽計算

雷凌科技換發聯發科換股比例＝3.156：1

雷凌科技股數　　　：175,264,005股

聯發科換股新增股數：　55,533,588股

合併基準日的聯發科股價×換股所需增加的股數＝併購價格

230.75元×55,533,588股＝12,814,375（千元）

併購價格－雷凌的淨資產公允價值＝商譽

12,814,375（千元）－6,266,138（千元）＝6,548,237（千元）

資料來源：公開資訊觀測站，聯發科100年合併財務報表

發聯發科普通股1股的換股比例進行後,取得雷凌科技100%淨資產公允價值62.66億元。由於聯發科僅發行新股5.55億元(以面額10元計),就因溢價而以市價128.14億元為併購價格,換算下來,併購雷凌取得的商譽為65.48億元。

聯發科併雷凌而增加的65.48億元商譽算多嗎?若單純看商譽數字是不小,但對手上持有聯發科股票的投資人而言,這場併購案補足聯發科在WiFi方面的弱勢,讓聯發科提高對抗國際大廠高通、博通的能力,且併購前股本110億元,股本增加5.55億元幅度也不大,沒有對EPS產生太大的影響,反倒讓人對營收及獲利的增加有所期待。期待歸期待,這種併購案後續合併營收、合併EPS能否增加,才是投資人該繼續追蹤的。

木乃伊般的商譽成負擔

雖然,上述的桂盟和聯發科併購實例有產生正面效果,但長期觀之,當商譽進駐到資產負債表後,就很容易成為尾大不掉的包袱。原因在於,上市櫃企業過去偏愛將商譽確認為永久資產,除非有確切證據顯示商譽的價值下跌,否則不需要攤銷;而在IFRSs新制下,商譽亦不需要攤銷。但問題是,在景氣波動、產業競爭劇烈的今日,新產品、新服務的推出時程以季為單位,

併購決策對企業是有獲利或虧損，往往很快見真章，但併購所得的商譽卻「價值不變」地成為永久資產，造成資產被永久「墊高」。

這或許正是Google砸大錢買YouTube商譽的用意之一，因為相較於企業的研發成本必須費用化，Google併入YouTube後，可省去自行研發Google Video的成本，在商譽被資本化後，還有助於美化EPS，讓財務報表更亮眼。不過，這種妝點財報的方式，也不是百利而無害，因為企業的總資產虛胖，外表看起來頗像回事，卻也會讓資產週轉率變差。哪一天當「價值不再」，被會計師提列一次性的「減損」，更會大幅降低EPS。

不過，IFRSs新制規定，若是併購價格低於被併購企業淨資產的公允價值時，則產生「廉價購買利益」（即為舊制的「負商譽」），可認列為當期的投資利益，挹注入EPS。如LED一貫化廠隆達（3698）因併購威力盟（3080），於102年第1季按照新制，認列廉價購買利益5.53億元。而隆達第1季淨利4.42億元、EPS 0.92元，便是全部由此次換股併購案所貢獻，顯見此項新規定之威力。

3-8

負債準備、「或有」負債及「或有」資產

你去證券公司隨便找一個法人研究員或是分析師，問他們：「如果一家公司遭遇訴訟因而產生法律索賠，不確定有多少事項，不確定什麼時候要支付，不確定金額是多少，請問這筆訴訟費用是什麼？」十個分析師有九個會用直覺告訴你是「或有損失」，另一個告訴你是「負債準備」。

引入IFRSs後，是將過去ROC GAAP的「或有事項、或有損失、或有利得」的概念，修訂成為「負債準備、或有負債、或有資產」，當然其中的基本定義與專有名詞做了許多調整。雖然每一個字都是中文，但讀完了好像看了一整串有字天書的故事一樣，投資人應該已經眼冒金星，完全不知所云了吧？

回到基本會計原則

　　事實上，讀者需要知道的觀念就是，會計制度本身是保守的，如果企業預期會出現一項經濟流出，假設很有可能發生，而且可以評估，這時候就要提列「負債準備」。如果可能發生性小，這時候就是揭露「或有負債」。相反地，如果有一筆經濟流入，除非到幾乎確定是真實的程度，才可以提列在財報上，如果只是很有可能，則僅能揭露「或有資產」，不可以認列。

　　了解會計規章是一回事，是否能依據既有的簡單會計知識，對於新訊息做出正確評斷，才是投資人最需要做的功課。菜籃族跟法人最大的分歧點，其實就在這裡：投資人是否有能力針對那些股市金融事件，估算出對EPS的影響？

　　近年來電子產業競爭加劇，攜帶型裝置引領風潮，尤其是智慧手機、平板電腦、車用導航、數位相機，或是更流行的穿戴裝置等等，各領域都有不同的龍頭把持其市場與相關專利權。國際智財權訴訟官司熱也愈來愈熱絡，有些公司就可以拿專利訴訟來當作市場題材，在媒體上不斷吸引投資人的注意。

反托拉斯案的友達

2006年12月，美國司法部門開始主動調查面板價格操縱壟斷，至2008年11月，各LCD廠商陸續被認定犯行，而友達（2409）至2010年6月10日遭美國司法部起訴，開始面對一連串訴訟程序。此後上訴過程對友達相當不利，2012年3月友達被判定有罪，原先市場傳言可能判賠10億美元（新台幣295億元），將會減少EPS 3.3元，影響甚鉅。

在如此的訴訟陰影之下，加上本業持續虧損，友達股價從16元連續下跌5個月，最後跌破9元。到101年9月21日，友達發布重大消息，確定反托拉斯案遭罰5億美元，股價居然起死回生、彈回到11元，原因就是罰款比年初估計的10億美元減少了一半。

友達10月底發布101年第3季財務報告附註（圖3-8-1），說明友達先前針對本案已經提列2.77億美元（新台幣80億元）的負債，第3季還要再補提列2.23億美元（約新台幣64億元）的訴

圖3-8-1 友達101年第3季合併財務報告書

美國加州北區聯邦地方法院於民國一〇一年九月二十一日台灣時間宣判，課予友達光電公司五億美元罰金，分三年支付。針對此判決，友達光電公司表示遺憾，並有意提起上訴。雖然該判決並非終審判決，依據相關會計準則規定，友達光電公司在本季全數認列判決金額。扣除先前針對本案已估列之準備，友達光電公司於本季額外提列大約2.23億美元。

資料來源：公開資訊觀測站

訟準備金，約占EPS –0.7元，對公司來說是雪上加霜。

原先年初3月時市場預期賠償金額10億美元，最後9月宣布僅需賠償5億美元，市場視為利多反應，我們可以當作是金融市場的預期心理的效果。雖然101年第3季僅需要再補提列2.23億美元的訴訟準備金，但是未來仍要實際付出5億美元的現金，對於未來現金流量其實仍舊是負面看待，不過友達股價仍從11元上漲到年底的14元。有看財報附註書的投資人，一定會保守應對，尤其又見到本業獲利沒有好轉，很容易就做出減碼或是賣出的決策，還可以在股價相對高檔時出場，一點都不會感到猶豫或困擾！

告贏蘋果的義隆

在國際訴訟當中，台灣廠商經常處於不利的狀態，但少數幾家公司還是能在國際列強之中，靠著自己的專利權獲得勝訴，義隆電（2458）就是這樣的一個少數案例。

2009年4月8日，義隆電子正式宣布對美商蘋果公司提出專利侵權訴訟，提出損害賠償請求，並要求法院對MacBook、iPhone、iPod Touch等產品發出禁止製造、使用及銷售的命令。市場開始沸沸揚揚討論這家敢在太歲爺頭上動土的電子公司。一

時之間，人人都認識了這家「小蝦米對抗大鯨魚」的電子公司。儘管營收相較於前一年沒有明顯成長趨勢，義隆電股價還是從32元，在一個月之間上漲到68元。

市場題材與想像力是一回事，但專利官司訴訟過程費時，經常可以打到海枯石爛。蘋果在2009年7月1日展開反擊，反訴義隆電產品侵害蘋果3項專利，讓這場專利訴訟峰迴路轉，義隆電又從55元，在一個月之間跌到42元。

直到2010年2月，市場又謠傳，義隆電子將可從蘋果獲得高達1億美元的和解權利金，但義隆電月底澄清，與Apple侵權案和解庭未達成共識，也就是1億美元的和解金只是一場媒體烏龍，或是和解陷入膠著放出的假消息。但義隆電不死心，於3月30日再度對蘋果提起專利侵權訴訟，4月29日美國國際貿易委員會（ITC）啟動調查，5月25日蘋果撤回部分專利侵權主張。其當年度營收成長也在第2季之間開始陷入遲滯，2011年營收成長動能陷入明顯衰退，6月30日ITC判蘋果無侵權，雙方進入和解程序。義隆電股價由年初的42元，在2011年10月拉回到22元。

這場專利官司遊戲剪不斷、理還亂，雙方最後於2012年1月5日達成和解並交互授權，且蘋果將支付500萬美元（新台幣1.5億元）予義隆電（見圖3-8-2），義隆電於2012年第1季認列1.49億元和解金。

圖 3-8-2 義隆電 101 年第 1 季合併財務報告書

雙方簽署和解合約，撤銷在地方法院的主張，及將本公司的US5,825,352及
US7,274,353和蘋果公司之US5,764,218及US7,495,659專利交互授權。美商蘋果公司
已於民國一○一年一月支付美金5,000千元予本公司，因此，本公司於民國一○一年
第一季認列其他營業收入149,165千元。

資料來源：公開資訊觀測站

　　一時之間義隆電又成為媒體寵兒，變成一家告贏蘋果的小公司。跟過去財報呈現方式不同的地方在於，義隆電於101年第1季認列一筆1.5億元的其他營業收入（權利金收入），而不是放在業外損益（圖3-8-3）。

圖 3-8-3 義隆電 101 年第 1 季合併損益表

		101年第一季		100年第一季	
		金　額	%	金　額	%
	營業收入：				
4100	銷貨收入（附註五）	$ 1,398,189	91	1,209,511	100
4800	其他營業收入（附註五及七）	151,574	10	3,157	-
4170	減：銷貨退回及折讓	12,903	1	1,221	-
		1,536,860	100	1,211,447	100

資料來源：公開資訊觀測站

　　投資人見到股價22元漲回50元，這難道都是專利訴訟的功勞嗎？其實不然。義隆電股本43億元，這筆和解金不過只是貢獻EPS 0.3元，區區這0.3元卻耗時公司三年多，占了大幅媒體版面（見圖3-8-4）。

3-8-4 義隆電股價走勢

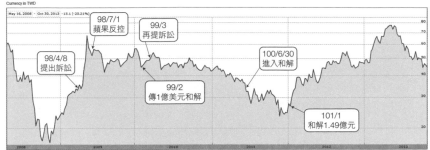

資料來源：Google Finance

　　用10分鐘了解這段故事，投資人也能因此明白，進入新制
IFRSs之後，相關的「負債準備」，會認列為資產負債表的負
債，同時也在綜合損益表的業外支出表達，要小心若是提列不
足，未來再補認列會降低EPS；相反地，「或有資產」一般而言
只作揭露，當很明確認列之時，才會認列在綜合損益表，增加
EPS。若該筆金額占稅前淨利比重較高，則會導致該季或該年度
的毛利率、淨利率大幅變動，這是因應新制財報，投資人需要特
別注意的地方。

Chapter

4

IFRSs對財務報表分析的影響

　　如果你是有基礎會計概念的讀者，都能看懂財務報表的「五力分析」。所謂五力分析，是獲利能力、經營能力、償債能力、財務結構，以及現金流量分析，透過加減乘除會計數字，即使不是會計師，也能為投資標的進行簡易的「健康檢查」。這份企業的健康檢查表，從以時間為排序，每季度、年度相較的「水平分析」，複合五力分析、相關產業比較所構成的「垂直分析」，讓讀者能全方位檢視投資標的，預約未來的財富。

　　時間就是金錢，要知道各上市、櫃公司的財務比率分析，不必敲打計算機慢慢算，也不見得要花大錢跟老師、買名牌，只要上公開資訊觀測站（http://mops.twse.com.tw/index.htm）點幾下滑鼠，就能夠免費又輕鬆地查詢想要的資訊。

　　點選「新版」後，在「營運概況」的分項下，選擇「財務比率分析」，或許過往我們都會直覺點擊「財務分析資料」，但在實行 IFRSs 後，財務比率分析就分為「採 IFRSs 前」、「採 IFRSs 後」。較可惜的是，「採 IFRSs 前」的財務比率分析，公開的仍是母公司的財務比率分析，如同第 2 章的瑞儀（6276）個案中得到的結論，合併報表比母公司的財務比率分析更有意義，因此，想查詢之前的財務比率分析，大家可以多多利用券商提供的免費下單軟體。

　　在 IFRSs 新制度下，許多會計分項的計算基礎已經改變，過

Step by step！從公開資訊觀測站找五力分析數字

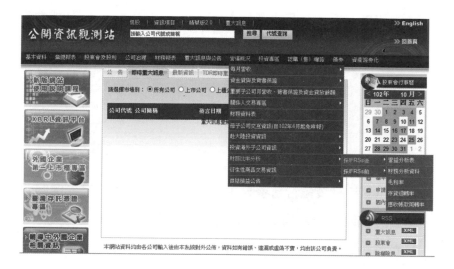

往舊數字的意義，也應該與時俱進做更新，若是沒有吸收這些新觀念，僅以過去的比率大小，來判斷公司財報優劣，恐怕會誤踩地雷而不自知。因此，掌握IFRSs的重點，靈活運用財務報表分析，來檢視自己的投資組合、把關自己的資產，將是投資決策的致勝關鍵。

投資標的體質如何
──財務結構分析

2008年投資銀行雷曼兄弟（Lehman Brothers）宣告倒閉，引發金融海嘯，幾乎全球企業都受到重創，許多投資人的資產大幅縮水，而股神巴菲特的選股策略卻一支獨秀！他偏好高股東權益報酬率（ROE）且低負債的公司，而且能夠回饋股東現金股利，若搭配他的名言「退潮時才知道誰在裸泳」一起玩味，不難發現巴菲特十分重視投資企業的財務結構。

財務結構，意味著一間公司的長期償債能力。在表4-1-1中列出的兩大重要公式，讓投資人可以對企業財務結構有基本的認識。其中，過去的長期資金占固定資產比率，將因新制而變更為長期資金占不動產、廠房及設備比率。

在IFRSs新制度下，資產負債表的分類已經做過修改，我們可以回顧本書的第二章，長期資金占固定資產比率的分子中，過往的「長期負債」將和「其他負債」合併，變成IFRSs新制度下

表4-1-1 **財務結構分析的重要公式**

比率	算式	意義	判斷標準	好的趨勢
負債占資產比率	$\dfrac{負債總額}{資產總額}$	顯示企業外來資金占資產總額比例	愈低愈佳,當總體經濟趨緩或震盪時,受債權人「雨天收傘」的影響就愈小	↘
長期資金占固定資產比率	$\dfrac{股東權益淨額+長期負債}{固定資產淨額}$	檢驗企業的固定資產是否全部以長期資金提供,避免以短支長	以 ≥100為 標準;若<100,該企業有以短支長的風險	↗
(新制)長期資金占不動產、廠房及設備比率	$\dfrac{權益總額+非流動負債}{不動產、廠房及設備淨額}$	檢驗企業的不動產、廠房及設備是否全部以長期資金提供,避免以短支長	以 ≥100為 標準;若<100,該企業有以短支長的風險	↗

的「非流動負債」,分子很可能提高。除了分子的定義變動,分母由固定資產淨額,改為不動產、廠房及設備淨額,不含IFRSs新增的投資性不動產淨額。當進行多年期比較時,舊公式與新公式的計算結果可能會非常分歧,這也是我們該注意的部分。

　　想要進一步替企業的財務結構把脈，我們可以看到鴻海（2317）受惠於 Apple 在 2013 年 9 月中旬，發表 iPhone 5S、iPhone 5C、iPad5 及更新版 iPad mini 等新產品，在 8 月起感受到接單效應，也讓鴻海董事長郭台銘向股東表示「金蛇出洞」，似乎完全走出年初確定與夏普（Sharp）合作破局的陰霾。

　　「鴻夏戀」在 2012 年 3 月上旬開始發酵，鴻海斥資近 669 億日圓入股夏普，獲得 9.9% 的股權，為當年背負 7,060 億日圓短期債務、3,140 億日圓長期債務，且現金和現金等價物加總僅有 2,180 億日圓的夏普公司，帶來希望的曙光，也被視為近年來台、日消費性電子產業最重量級的合作案。合作案初步簽訂後，夏普股價下挫近 65%，讓鴻海股價也受拖累，從近五年股價走勢就可看出（圖 4-1-1），到了 8 月中旬，鴻海宣布要與夏普重新協商股價與其他相關合作事宜，雙方對經營權的認知分歧已經躍然紙上，到 2012、2013 年交界之際，正式宣告破局。

圖 4-1-1 鴻海近五年股價走勢

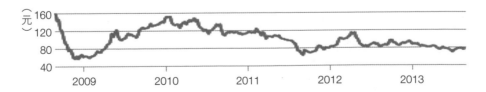

80.10 2013/8/20

　　從表4-1-2中，檢視鴻海近三年來的合併報表財務結構變化，負債占資產比率上升了將近4%，同時長期資金占固定資產比率也一路走低。

表4-1-2 **鴻海近三年年度合併報表財務結構分析**

	年度	2010	2011	2012
財務結構分析	負債占資產比率（%）	62.81	64.46	66.65
	長期資金占固定資產比率（%）	220.98	205.70	201.75

資料來源：CMoney

　　參考圖4-1-2，投資人最初認識的鴻海，跟現在有名的鴻海，在財務結構上已經不一樣了，它的負債包袱一直在長大，負債占資產比率逐年提高，折舊也一直在長大，但是對這麼大的企業而言，這樣的轉變算質變嗎？應該要警惕嗎？

　　基本上，鴻海的體質還算是健全的，接下來應該注意的，就是手上現金數量，是否足夠支應短期負債所需，這邊就進入下一力──償債能力分析。

圖 4-1-2 鴻海的合併報表財務結構走勢

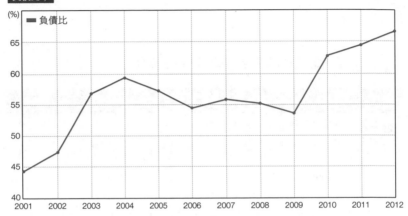

負債比率

資料來源：財報狗

短期銀彈足夠嗎
──償債能力分析

　　償債能力分析又稱為「流動性分析」，用來衡量企業的短期償債能力，表4-2-1的重要公式，將與前述的企業財務結構分析相輔相成，投資人可以綜合簡單的數字，一眼洞穿企業長、短期全面性的償債能力。

　　對於不同產業而言，由於特性不同，在比率上的差異就相當大。例如營建業的速動比率是最低的，因為它們的存貨是不動產，而大部分營建業都愛養地囤貨，從表4-2-2遠雄建設（5522）而言，它的流動比率逐年下滑，但依舊高出130%的低標許多，在速動比率上都低於40%，同時營業收入連續三年下滑，利息保障倍數也幾乎是連續三年腰斬。

　　不過，遠雄建設三年來的合併報表稅後純益率，都在26.22%到33.37%之間徘徊，相較稅後純益率要保住3%都困難的電子業，似乎短期銀彈的不足，還有其他方式可以支應──因

表4-2-1 償債能力分析重要公式

比率	算式	意義	判斷標準	好的趨勢
流動比率	$\dfrac{流動資產}{流動負債}$	衡量企業短期負債的保障程度	通常以200%為標準，<130%偏低	↗
速動比率（酸性測驗）	$\dfrac{流動資產－存貨－預付費用}{流動負債}$	衡量企業緊急清償短期負債的應變能力	各產業償債能力不同，通常以100%為標準，<80%過低	↗
利息保障倍數	$\dfrac{稅前及息前純益（EBIT）}{本期利息支出（I）}$	衡量企業純益支付負債的利息支出的能力	負債占資產比率高，違約風險也會提高，這時利息保障倍數就更為重要，至少要大於1倍，大於20倍風險較小	↗

表4-2-2 遠雄建設的合併報表償債能力分析

年度		2010	2011	2012
償債能力分析	流動比率（％）	230.23	188.05	172.33
	速動比率（％）	36.00	36.76	33.23
	利息保障倍數	48.74	25.37	11.87

資料來源：CMoney

此，這時候就要看營業活動的現金流量（CFO），通盤去檢視一間企業的體質。

　　未來在 IFRSs 新制度下，除非是買方指定建案的主要結構，建商才可以使用完工比例法，否則一律採用完工交屋時認列，且有關廣告及代銷佣金等相關支出，應於發生時認列為費用，不能先認列為遞延資產再轉列費用，讓建商失去美化財務報表的機會。這些新規定新衝擊，將增加建商的費用、減少「稅前及息前純益」，對於利息保障倍數本來就偏低的營建業來說，將是嚴峻考驗的開始。

　　若我們一以貫之地繼續檢視鴻海的短期償債能力，從表 4-2-3 上，我們可以看到鴻海近三年在流動比率上的變化，從 132%附近，下滑約9%至123%；若是真的有緊急需要清償的短期負債，它的速動比率仍然有逐步下滑的趨勢，但是還是勉強有接近教科書標準的100%。

表4-2-3 **鴻海的合併報表償債能力分析**

年度		2010	2011	2012
償債能力分析	流動比率（%）	132.62	129.44	123.43
	速動比率（%）	98.32	90.35	94.83
	利息保障倍數	34.55	18.98	13.34

資料來源：CMoney

數字差異最大的，莫過於利息保障倍數，這個數字不僅反應了企業獲利能力的強弱，也會同步反應償還到期債務的保證程度，是企業是否能舉債經營的大前提，在最差的情況下利息保障倍數至少也要大於1，也就是一間公司的營業收入減去營業成本及行銷、管理、研發等費用後，至少要能夠償還債權人負債利息。當然比值愈高，代表企業的償債能力愈強。表4-2-4的簡單例子中，利息保障倍數等於EBIT/I（130/10），所計算出來的13倍，即代表該企業支付利息是游刃有餘的。

鴻海的近三年的利息保障倍數下滑，與其營業收入成反比，在2012年鴻海合併營收已經接近新台幣4兆元，即使在營收高峰，稅後純益率卻無法突破3%，凸顯了營業主力為消費性電子產品拼裝的隱憂，就是毛利率愈來愈薄——這也就不難理解，為什麼郭董當時全力促成「鴻夏戀」，希望能取得高階液晶面板製造技術，製造公司轉型獲利的契機。

表4-2-4 接住 EBIT ＝ NI ＋ I ＋ T 的變化球！超簡單的計算題

加減	英文縮寫	解釋	例題
	EBIT	稅前息前純益	130
－	I	給債權人的利息	－ 10
	EBT	稅前純益	120
－	T	給政府的所得稅	－ 20
	NI	稅後純益（本期損益）	100

在IFRSs新制下，關於大家過去較為陌生的遞延所得稅資產、遞延所得稅負債的分類方式，亦做了新規定（如表4-2-5）。這二個項目在過去，可以依其流動性，分別放在流動或是非流動；在IFRSs新制下，就一律只能放在非流動項目。這個小小的改變，將使得採用IFRSs的101年、102年及以後年度的短期償債能力比率，與採用舊制的100年及以前年度的短期償債能力比率，無法在一致的基礎上進行分析。所幸的是，短期償債能力通常只要注意趨勢是否大幅度變差即可，大家可以將焦點放在企業最重要的獲利能力分析與現金流量分析。

　　一家企業真正重要的是創造現金的能力，而不是盈餘。因此，一間公司的償債能力是否優秀，先仰賴它的經營與獲利，當電子產業合併營收創新高，淨利率卻愈來愈薄，相較傳統產業可能營收遞減，淨利率卻能維持時，我們該怎麼判別這一間公司「會不會賺錢」？此外，帳面上的盈餘，不一定保證能現金

表4-2-5 遞延所得稅資產／遞延所得稅負債的分類轉變

項目	意義	IFRSs	舊制
遞延所得稅資產	企業未來可以抵稅的金額	非流動資產	流動資產 or 非流動資產
遞延所得稅負債	企業未來需要繳稅的金額	非流動負債	流動負債 or 非流動負債

入袋，所以我們還要進一步追蹤這一間公司「能不能創造現金流」？這裡，就進入了經營能力分析、獲利能力分析乃至於現金流量分析的範疇。

4-3

公司治理週轉靈不靈
——經營效率分析

　　一間公司要創造營收和淨利，有效率的經營模式是必要條件，然而，企業的營業活動千頭萬緒，怎樣才是有效率的公司治理方式？我們可以直接檢視財務報表，從數字中發現端倪。

愈快收到錢愈好，愈早付出錢愈吃虧

　　經營效率分析也可以稱為「活動力分析」，用來檢視企業資本運用的效益。首先，在各式各樣的「週轉活動」中，我們可以檢視一間企業的「營業循環」，也就是「進貨」到「銷貨」的平均售貨日數，加上從「銷貨」到「收現」的平均收現日數，若企業可以在愈短的時間完成這個周期，代表企業的週轉能力愈好。

　　當然，正常企業不可能只出不進、只賣不買，進貨的同時也要負擔一定成本，「付現」通常發生在「銷貨」之前，因此這邊

衍生出「淨營業循環」，讀者不用擔心掉入專有名詞的迷宮，只要記得營業循環系列的趨勢，除了平均付現日數外，都是數字愈小，代表績效愈好（圖4-3-1）。

圖4-3-1 完整的淨營業循環

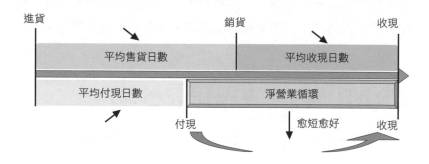

而下列經營效率分析的公式，看似複雜，但事實上概念都是十分相近的，我們只要掌握一個規律——「愈快收到錢愈好；反之，愈早付出錢愈吃虧」，基本上就能掌握財務報表的趨勢。

表4-3-1 經營效率分析的重要公式

比率	算式	意義	判斷標準	好的趨勢
應收帳款週轉率	$\dfrac{銷貨淨額^{(註1)}}{平均應收帳款}$	衡量企業收款的效率	數字愈大，代表收帳期間愈短，表示企業應收款項的流動性愈大；反之，呆滯在外的資金愈多	↗
應收帳款收現天數	$\dfrac{365}{應收帳款週轉率}$	衡量企業銷貨產生應收帳款至收現所需花費的時間	與同業相較可以了解行業特性；通常小於90天屬於正常，大於180天則太差	↘
存貨週轉率	$\dfrac{銷貨成本}{平均存貨}$	衡量企業銷貨效率以及存貨控管能力	存貨週轉率高，代表出貨順暢、存貨控制力佳；存貨週轉率低，代表存貨呆滯，甚至有存貨價值高估的可能	↗
平均銷貨日數	$\dfrac{365}{存貨週轉率}$	評斷企業存貨從購買到出售所需花費的時間	愈短愈佳	↘
應付帳款週轉率	$\dfrac{進貨}{平均應付帳款}$	評斷企業支付應付帳款的效率	愈小愈好，公開資訊觀測站並沒有這項資訊，需要自行計算。應付帳款週轉率高，代表供應商不願意給予較好的付款條件；反之，享有較好的付款條件，代表該企業應是供應商的優良或重要客戶	↘
平均付現日數	$\dfrac{365}{應付帳款週轉率}$	評斷企業由購入存貨產生應付帳款，到實際付款時需要花費的時間	愈長愈好，公開資訊觀測站並沒有這項資訊，需要自行計算	↗

（續下頁）

表4-3-1	經營效率分析的重要公式			（續上頁）
比率	算式	意義	判斷標準	好的趨勢
固定資產週轉率	$\dfrac{銷貨淨額^{(註1)}}{固定資產淨額^{(註2)}}$	評斷企業使用固定資產來產生銷貨收入的效率		↗
（新制）不動產、廠房及設備週轉率	$\dfrac{銷貨淨額^{(註1)}}{不動產、廠房及設備淨額^{(註2)}}$	評斷企業使用不動產、廠房及設備來產生銷貨收入的效率	愈高愈佳。若是低於同業，意味著廠商有太多閒置的固定資產，在投資策略上應該更保守	↗
總資產週轉率	$\dfrac{銷貨淨額^{(註1)}}{資產總額}$	評斷企業使用企業總體資產來產生銷貨收入的效率		↗

註1：銷貨淨額＝銷貨收入－銷貨退回、折讓

註2：固定資產淨額＝固定資產－累計折舊；

　　　不動產、廠房及設備淨額＝不動產、廠房及設備－累計折舊

註3：應收帳款在實務上，除了應收帳款外，還包括因營業而產生之應收票據；

　　　應付帳款在實務上，除了應付帳款外，還包括因營業而產生之應付票據

週轉天數走勢暗藏玄機

　　在經營績效上，締造台股最年輕的股王及股后傳奇的漢民微測科技（簡稱漢微科，3658），專職製造檢驗晶圓缺陷的電子束檢測設備，在全球半導體業龍頭Intel進入14奈米生產階段時，它的半導體晶圓檢測技術已做到3奈米。目前漢微科全球市占率

達 85%，由於技術能力領先，若檢視近三年賣出的電子束檢測設備，製造商都是漢微科，漢微科儼然變成這塊市場上唯一的供給者（每台檢測設備為新台幣 5,000 萬元）。2013 年初，漢微科宣布 2 月合併營收達新台幣 5.3 億元，月增 2.59 倍，年增 62.14%，創下歷史新高——這是受惠於半導體大廠 Intel、台積電、三星下單採購。

漢微科成立於 2003 年，創業初期 7 年都是賠錢，因此，2008 年漢微科進行減資，把累積的虧損全部打消，因此資本額從新台幣 7.8 億元，下降到新台幣 1.3 億元，減資幅度將近 83%，其後又進行現金增資新台幣 2.8 億元，讓公司繼續運作下去。

這些負面訊息，容易隱藏春燕來到的消息。由於晶圓製程愈趨微小化，光學檢測機將出現侷限，然而，也是晶圓缺陷檢測大廠的美商科磊，即使很早就開發出電子束檢測技術，卻因成本考量將之束諸高閣。漢微科專心往科磊忽略的領域發展，它在晶圓檢測設備上的技術實力，可以從存貨週轉天數的曲線得到驗證。

在漢微科減資的一年後，也就是 2009 年，開發出了電子束檢測機系列產品的 eScan®400，我們可以從圖 4-3-2 看到，這時存貨週轉天數開始下降。到了 2010 年，漢微科成功開發 eScan®320、eXplore 等產品，讓接單能見度大增，應收帳款收現天數與營運週轉天數的效益也同步彰顯——營運週轉天數從超過

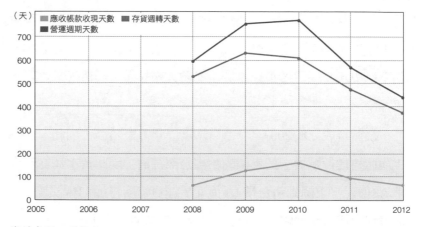

圖 4-3-2 漢微科的應收帳款收現天數、存貨週轉天數、營運週轉天數走勢

資料來源：財報狗

750天，下降到450天左右；應收帳款收現天數也從超過150日的「待加強」狀態，進入「正常」領域。

即使在2012年中期，市場上光學檢測機對應電子束檢測機的比例，大約還是10比1，但在完整的專利布局下，漢微科已經被視為晶圓檢測領域的新霸主。到了2013年初，漢微科的主要客戶除了台積電、三星、爾必達，更再下一城，打入半導體龍頭大廠Intel的供應鏈，從圖4-3-3的近兩年走勢，可以看到漢微科的股價幾乎是倍數反應它的經營效率。

圖 4-3-3 漢微科近兩年個股與指數走勢

名稱	漢微科	電子	上櫃指數
今年以來	57.52%	12.34%	14.54%
最近一週	-7.4%	1%	1.1%
最近一個月	-10.85%	-1.63%	-1.06%
最近三個月	-12.98%	-3.83%	-1.03%
最近六個月	38.74%	6.29%	7.5%
最近一年	99.52%	5.98%	12.03%
最近二年	951.97%	2.21%	10.98%

資料來源：鉅亨網

　　而從圖4-3-4，我們可以看到反例。主要業務為自動化控制機電整合的羅昇（8374），在2011年初期，不斷被市場消息面喊多，當時投資人對羅昇寄予厚望，很大一部分是建立在羅昇與上銀（2049）深厚的合作關係，上銀董事長卓永財甚至公開表示，在大陸市場，上銀的產品就由羅昇代理，原因是「不想讓羅昇去賣對手的商品」，同時上銀準備擴廠的動作頻頻，讓投資人更加相信精密機械產業的獲利可期。

　　其實在2011年第3季，羅昇的財報就發出警訊，羅昇的應收帳款從2009年第4季的新台幣5.7億元，上升到14.35億元；同期相比，連存貨數字也翻了超過兩倍，從新台幣5.67億元，爆增到14.66億元，存貨週轉天數、營運週轉天數也直線上升。與羅昇休戚與共的上銀，在營運績效分析的三條曲線，也是相同的走勢。

圖4-3-4 羅昇與上銀的應收帳款收現天數、存貨週轉天數、營運週轉天數走勢

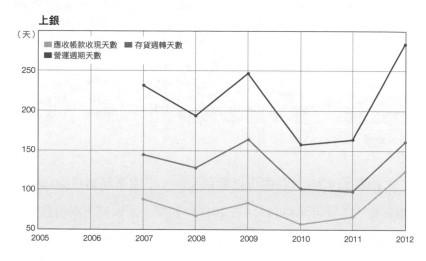

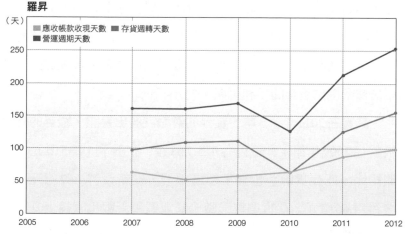

資料來源：財報狗

　　當時投資人還反應不過來，2011年第2季時，羅昇股東會通過發給股東2元的股票股利及0.5元的現金股利，而且同年第3季獲利一飛沖天，每股盈餘6.29元十分亮眼（全年EPS僅再微增至6.63元），為什麼在2011年5月31日創下歷史新高95.7元後，會一夕翻盤？

　　若我們仔細閱讀財務報表，會驚覺羅昇的獲利，是來自業外收益而得的收入，而且細查下去，還會發現這是典型的「一次性處分投資利益」——羅昇將3.81%的中達電通（台達電子公司）轉賣回台達電集團，因此認列處分投資利益近新台幣2.8億元，貢獻EPS3.72元。同時，羅昇隨即拿出約新台幣4億元，從中達電通手中買回子公司天津羅昇29.23%的持股，買回後持股由70.77%變為100%持有。最後，羅昇、台達電對於彼此的子公司天津羅昇、中達電通就不再相互持股。

　　存貨、股票不會因為在母公司與子公司之間搬來搬去就增值，因此IFRSs新制度下，子母公司間的交易，會計師必須揭露沖銷的過程，讓財務資訊更透明，廠商的經營能力也能放在陽光下檢視，至於哪間公司是下蛋的金雞母？誰又是一毛不拔的鐵公雞？往下伸入第四力——獲利能力分析，便能揭曉答案。

4-4

是金雞母還是鐵公雞
──獲利能力分析

　　透視一間公司的經營能力後，基本上善於經營的公司，在獲利上就應該有正向的表現。而公司獲利後，究竟應該借貸擴充生產線？還是該保守小心，不要擴大財務槓桿？

　　獲利能力與經營策略互為表裡，經營策略對企業而言，是一場不可逆的實驗，因此接下來要介紹的獲利能力分析五大重要公式，可以協助投資人對於廠商的獲利以及策略，進行基礎的判斷（表4-4-1）。

　　要正確評價一間公司的股價是否被高估，還必須從更多數字入手，後面登場的「杜邦公式」，就是十分經典的獲利能力指標，初入門股市的讀者一定要學習，熟悉財務管理的讀者也可以藉這個機會溫故知新。

表4-4-1 獲利能力分析的重要公式

比率	算式	意義	判斷標準	好的趨勢
資產報酬率（ROA）	$\dfrac{稅後損益+利息費用×（1-稅率）}{平均資產總額}$ $\dfrac{EBIT×（1-稅率）}{平均資產總額}$	衡量企業運用總資產的獲利能力	當企業預期總體經濟升溫、企業淨收入上升時，且ROA＞舉債利率時，提高負債對ROE有幫助 當企業預期淨收入下降時，ROA、ROE也會下降，增加財務槓桿會擴大股東的風險，這時應減少負債、穩健經營	↗
股東權益報酬率（ROE）	$\dfrac{稅後損益}{平均股東權益淨額}$ $ROA+\left\{[ROA-負債率（1-稅率）]×\dfrac{負債}{股東權益}\right\}$	衡量企業運用自有資金（股東權益）的獲利能力	當負債趨近於零時，ROE僅等於ROA，對於成長中的企業、總體經濟熱絡的情況下，零負債並不利於ROE。因為如果ROA打敗利率，則ROE＞ROA，表示負債將有利股東，一般可以享有較高的本益比。ROE＞15%，是股神巴菲特認為可長期持有一檔股票的要件之一	↗
純益率	$\dfrac{稅後損益}{銷貨淨額}$	每1元營收對企業而言，扣除相關成本、費用後，能夠淨賺多少錢	能夠得知一間企業的獲利及成本費用控制能力，純益率愈高代表獲利能力愈強，成本費用管控佳	↗
每股盈餘（EPS）	$\dfrac{稅後淨利-特別股股利}{加權平均流通在外股數}$ 新制 $\dfrac{歸屬於母公司業主之損益-特別股股利}{加權平均流通在外股數}$	在相同的本益比，EPS上升，股價愈高	分子的「稅後淨利」與「歸屬於母公司業主之損益」項目是應計制，若盈餘品質不佳，現金不一定流入，必須搭配現金流量分析	↗
本益比（P/E）	$\dfrac{每股市價}{每股盈餘}$	E/P為投資報酬率，愈高愈佳；P/E為本益比，愈低愈佳	總體經濟影響本益比：景氣差，本益比較低；景氣好，本益比較高 產業性質影響本益比：以往傳統產業本益比較低，IC設計產業本益比較高	↘

高ROE傳產類股：儒鴻ROA、ROE分析

近年營運起飛的儒鴻（1476），是Nike、adidas等國際知名運動品牌的代工廠，除了替世界前三大運動品牌的接單生產，同年度還必須加上新的日本及澳洲訂單。在2013年8月中旬，儒鴻董事長洪鎮海公開表示，訂單能見度上看6個月到9個月，而同年度10月的成衣訂單，就高達840萬件，接近聖誕節出貨旺季的11月，更是上看689萬件，訂單爆量「接到不敢接」。

成立於1977年的儒鴻，以委託代工生產成衣OEM起家，目前轉攻毛利高、替代性低的設計加工ODM，除了有自家的打樣中心，加上超過3,000種布料的排列組合，每日可以提出超過150款新樣衣。洪鎮海指出，截至2013年8月中旬，紡織布料包括台灣、越南廠每個月產能共260萬公斤，在台灣、中國柬埔寨和越南共有15間工廠，單月產能共500萬件成衣，要因應擴張的訂單需求，儒鴻也加緊速度規畫新產能，例如在越南廠區，就要新增76條產線。

從圖4-4-1中，即可看出儒鴻在過去這12年中，除了2008年金融海嘯外，代表獲利經營能力的年營收、毛利率、營業利益率、淨利率趨勢，都是向上。

圖4-4-1 儒鴻年營收、毛利率、營業利益率、淨利率趨勢圖

單位：佰萬元；%

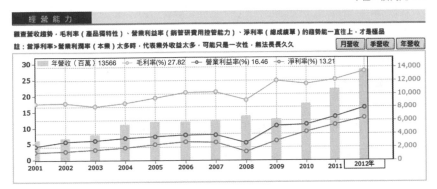

資料來源：CMoney理財寶「會計師教你用財報挑好股」

　　要擴充生產線不外兩條路，一是舉債，二是增資，而哪一種對儒鴻而言才是好策略？哪一種策略對獲利能有更大的貢獻？從圖4-4-2及表4-4-2，我們可以看到近年來儒鴻ROE、ROA的走勢，進而拆解前面兩個問題。

圖4-4-2 儒鴻2005至2012年ROE、ROA走勢

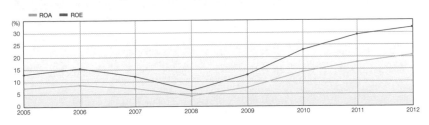

資料來源：財報狗

表4-4-2 儒鴻2005至2012年合併報表ROE、ROA數據一覽

年度	2005	2006	2007	2008	2009	2010	2011	2012
ROE (%)	13.15	15.53	12.21	6.45	12.89	22.85	29.15	32.24
ROA (%)	7.58	8.75	7.29	4.12	7.62	13.87	17.90	20.84

資料來源：財報狗

那麼，儒鴻的財務槓桿究竟是多少？運用表4-4-3的杜邦公式，就能夠輕易算出（見表4-4-4）。

表4-4-3 杜邦公式的應用

$$\frac{稅後損益}{平均股東權益} = \frac{稅後損益}{平均資產} \times \frac{平均資產}{平均股東權益}$$

$$ROE = ROA \times 財務槓桿$$

表4-4-4 儒鴻2005至2012年財務槓桿走勢

年度		2005	2006	2007	2008	2009	2010	2011	2012
(1)	ROE (%)	13.15	15.53	12.21	6.45	12.89	22.85	29.15	32.24
(2)	ROA (%)	7.58	8.75	7.29	4.12	7.62	13.87	17.90	20.84
(3)=(1)/(2)	財務槓桿 (%)	173.48	177.49	167.49	156.55	169.16	164.74	162.85	154.70

　　當然，一間公司的資產報酬率 ROA，和資金的屬性及取得方式沒有關係，但是與股東權益報酬率 ROE 息息相關，企業貸款資金與股東權益比例的變動，投資人的報酬率是不一樣的。

　　儒鴻除了新建越南廠區的 76 條產線，柬埔寨金邊的成衣廠也已經動工，預估設置 30 條生產線，每月能新增約 250 萬至 300 萬件成衣。儘管因應這些擴廠需求，儒鴻的合併報表負債總額由 2005 年底的 18.39 億元，舉債幅度增加至 2012 年底的 34.23 億元，但是藉由表 4-4-4 我們可以發現，儒鴻的財務槓桿是逐年下降的，代表負債增加的同時，股東權益增加的幅度更大。

　　投資人可以從表 4-4-5 中，看到當 ROE 大於 ROA，代表 ROA 資產報酬率是打敗負債利率，舉債經營其實對企業有利；而儒鴻近八年來，ROE 都大於 ROA，公司 2013 年的第 2 季季報中，稅後盈餘達新台幣 12.26 億元，年增率達 70%，每股盈餘上

表4-4-5 **接住杜邦公式變化球！**

$$ROE = ROA + \left\{ [\,ROA - 負債利率（1-稅率）] \times \frac{負債}{股東權益} \right\}$$

結論：

ROE ＞ ROA→ROA ＞負債利率→舉債經營有利
ROE ＜ ROA→ROA ＜負債利率→舉債經營不利

看新台幣4.98元，遠勝去年同期的3.19元，以傳統第2季為淡季下，表現十分亮麗，而俗語說：小心駛得萬年船，面對瞬息萬變的市場，依舊得謹慎控管負債比率。

另外值得注意的是，財務槓桿是會影響篩選長期投資標的——ROE的指標，這也是股神巴菲特最在乎的獲利標竿之一，以下我們將更深入地探討它，用杜邦公式的變化型（見表4-4-6），來接住不同會計數字的變化球。

表4-4-6 杜邦公式變化球

若我們使用杜邦公式變化球來分析儒鴻（如圖4-4-3），會發現儒鴻ROE長期趨勢向上，其向上的動力來源，貢獻於淨利率、資產週轉率的趨勢向上，而非來自於過度使用財務槓桿。長期而言，一家公司股東權益報酬率（ROE）長期趨勢向上，同時ROE大於ROA，加上搭配淨利率、資產週轉率趨勢向上，財務槓桿率趨勢向下，為選股中之極品。

圖4-4-3 儒鴻2001至2012年杜邦公式變化球走勢

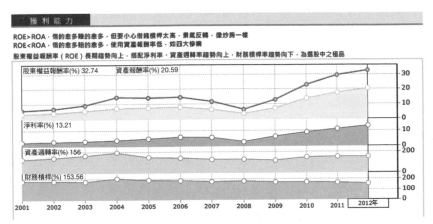

獲 利 能 力

ROE>ROA，借的愈多賺的愈多，但要小心借錢槓桿太高，景氣反轉，像炒房一樣
ROE<ROA，借的愈多賠的愈多，使用資產報酬率低，如四大慘業
股東權益報酬率（ROE）長期趨勢向上，搭配淨利率、資產週轉率趨勢向上，財務槓桿率趨勢向下，為選股中之極品

股東權益報酬率(%) 32.74　　資產報酬率(%) 20.59

淨利率(%) 13.21

資產週轉率(%) 156

財務槓桿(%) 153.56

2001　2002　2003　2004　2005　2006　2007　2008　2009　2010　2011　2012年

註：至2012年，各系統商合併報表財務比率均為各系統商自行計算，並非上市櫃公
　　司計算後上傳，故數字會有些微差異。對投資人而言，只要分析趨勢方向即可。

資料來源：CMoney理財寶「會計師教你用財報挑好股」

股神巴菲特的選股基礎：ROE

　　要在股海中找到金雞母，看起來是極為困難的事情，而數十年來屹立不搖的股神巴菲特，成功的要訣就是堅守原則，將最困難的決策濃縮在最儉約的準則中。而巴菲特向來將目光放在高ROE的企業，而非追求成長規模，因此得以避開2000年初期的網路泡沫和2008年的金融海嘯，股神的其中一個信條，就是盯住ROE，ROE長期大於15%，是篩選長期投資標的的基本條件。

　　同時，巴菲特除了建議長抱高ROE股票，也強調錢必須真的進入口袋，因此現金股利優於股票股利。而從每股盈餘EPS的角度切入，在相同的本益比下，EPS上升，股價愈高；然而，新制下EPS分子中的「歸屬於母公司業主之損益」項目，屬於應計制，若盈餘品質不佳，則會產生許多應收帳款，但現金卻不一定流入。

　　這時，投資人的目光就要從企業獲利的數字，轉移到現金流量上，畢竟一鳥在手勝過二鳥在林，當處處充滿不確定性時，必須搭配最後一力──現金流量分析，在「現金為王」的信條下，避開看似高獲利，卻沒有現金流入的地雷。

錢真的有進入口袋嗎
——現金流量分析

　　會計報表的數字，透過五力分析的公式給上市、櫃公司的啟示，就是它們的經營績效應該這樣子回饋投資人，這時投資人應該要拿著放大鏡，去看企業宣稱的營運績效，究竟有沒有反映在現金流入上。

　　對企業而言，負債的主體，是馬上要支付的債務，還是銀行欠款的負債，其間差異非常大，也顯示企業有多少活水可以支應多少負債。從現金流量比率就可以看出來，我們拿營業活動淨現金流量CFO除以流動負債，來檢視一間公司的體質是否穩健，而在表4-5-1中，也有其他現金流量分析的重要公式。

　　現在IFRSs新制財報對投資人而言更簡單明瞭，因為企業全部的財產，都只以「流動性」為標竿，分類為流動資產、非流動資產、流動負債、非流動負債這四大類，公司必須對股東們交代，現金流量能不能來支應資本支出、追加存貨、發放股利等。

表4-5-1 現金流量分析重要公式

比率	算式	意義	判斷標準	好的趨勢
現金流量比率	$$\frac{營業活動淨現金流量}{流動負債}$$	衡量企業因為營業活動產生的現金流量,是否足以償付流動負債	愈高愈佳,代表企業體質穩健	↗
現金流量允當比率	$$\frac{最近五年度營業活動淨現金流量}{最近五年度(資本支出＋存貨增加額＋現金股利)}$$	評估企業因為營業活動產生的現金流量,是否足夠支付業務成長所需要的資金,如資本支出和存貨擴充,及分配現金股利所需的資金額度	現金流量允當比率≧1,足以支應現金流量允當比率<1,需要向外籌措資金	↗
現金再投資比率	$$\frac{營業活動淨現金流量－現金股利}{固定資產毛額＋長期投資＋其他資產＋營運資金}$$	判斷企業為了擴充資產與營業成長需要,將營業活動產生的現金流量保留,再投資於資產的百分比	8%到10%即為滿意的水準	↗
(新制)現金再投資比率	$$\frac{營業活動淨現金流量－現金股利}{不動產、廠房及設備毛額＋長期投資＋其他非流動資產＋營運資金}$$			

註:固定資產毛額與新制的不動產、廠房及設備毛額為「再投資的資產金額」,不含累計折舊
　　營運資金＝流動資產－流動負債

　　因此，對我們有意義的是現金流量分析，但目前公開資訊觀測站與年報中，看到現金流量分析仍然是母公司報表，而非合併報表。即使如此，讀者依舊可以「自力救濟」，活用表4-5-1的公式，自行檢視各檔股票的現金流。除了先使用券商提供的軟體外，也靜待公開資訊觀測站「採IFRSs後」的財務比率分析上線。

　　IFRSs新制財報強調以公允價值衡量公司財務，如果一間企業刻意想把損失隱藏起來，通常會在綜合損益表中動手腳，綜合損益表包含「一般損益組成部分」（下文簡稱NI），加上「其他綜合損益組成部分」（other comprehensive income）（下文簡稱OCI）。OCI包含「國外營運機構財務報表換算兌換差額」、「備供出售金融資產未實現評價利益（損失）」、「現金流量避險」、「確定福利之精算損益」、「採用權益法之關聯企業及合資其他綜合損益之份額」、「與其他綜合損益組成部分之所得稅」等項目，若公司將損失放在OCI項目，而不是放在NI項目中，就不會影響EPS，許多投資人買股票常唯EPS是問，EPS確實很重要，但不是全部，我們現在應該把焦點放在現金上。

　　舉例來說，主要客戶為台積電（2330）、友達（2409）等半導體及光電大廠的無塵室系統工程公司漢唐（2404），在2011年合併營收達新台幣146.25億元，比上一年度大增57.97%，但營收上升，毛利率卻反而下滑，另一個問題也在營業費用增加、業

外收益減少、業外支出增加。在2011年，漢唐因為放在「經常交易」的南科（2408）、茂德（5387）、宏碁（2353）公允價值大幅下跌，認列0.5億元的金融資產評價損失，最後同年度漢唐的合併總損益新台幣8.46億元，年減29.16%；稅後淨利歸屬予母公司也僅剩新台幣8.41億元，相較上一年度減少了29.37%。更別忘了第三章中曾提到，漢唐轉投資力晶1.74億元造成虧損的洞，投資損失仍然放在「備供出售金融資產未實現評價損失」中，不是放在NI項目中，以美化EPS數值

若投資人只在乎EPS，那漢唐因為在2011年、2010年持有盈正（3628）32.73%，按權益法分別認列投資收益0.9億、2.2億元賺了不少錢，二個年度的EPS上看新台幣3.47元、4.92元，就認為這間公司一定有現金流入，將是一個錯誤預期。（漢唐2011年與2010年的合併現金流量表如表4-5-2。）

表4-5-2 漢唐2011年與2010年合併現金流量

單位：千元

現金流量表項目	2011年	2010年
合併總損益	845,966	1,194,198
CFO	(46,331)	1,647,011
CFI	(36,393)	(32,482)
CFF	(1,382,114)	48,786

資料來源：公開資訊觀測站

短線技術選股！基本面防禦四大指標

　　即使2012年漢唐董事會決議發放現金股利3元，等同將86.46%的盈餘分配出去，但有類似狀況的上、市櫃公司，不見得會採取這樣的現金配股策略，讀者仍應小心謹慎，在短線操作上，要注意四大基本面防禦指標。

指標1：營收成長動能

　　單以各月營收成長（MoM）或各季營收成長（QoQ）看營收成長動能，會忽略了季節性因素。單月營收跟去年同月營收、累計營收跟去年同期、季營收跟去年同季的年增率（YoY），才是比較理想的營收成長動能指標。

　　以聯發科（2454）為例，在單月營收年增率（YoY）、累計營收年增率（YoY）的動能推升下（如圖4-5-1），各季毛利率、營業利益率、淨利率也未下降，而能同步上升（如圖4-5-2），股價自然隨著營收成長動能、獲利而提升跳躍（如圖4-5-3）。

指標2：本益比

　　第二個指標，是鎖定合理的本益比區間，而幾年前，投資人選擇IC設計股的市場氛圍，是追求本夢比，這中間是存在陷阱的，在股市中過度追「夢」往往會淪於非理性的純做技術線型操

圖 4-5-1 聯發科102年1至10月營收成長動能

單位：百萬元

年月	單月(合併)			累計(合併)			
	營收	月增率	年增率	累計營收	年增率	盈餘	每股盈餘(元)
201310	13,887.69	6.49	32.29	110,145.73	32.67	--	--
201309	13,041.51	2.30	18.48	96,258.04	32.72	--	--
201308	12,748.00	-3.56	38.31	83,216.53	35.27	--	--
201307	13,218.26	35.25	42.96	70,468.53	34.74	--	--
201306	9,772.99	-10.59	24.57	57,250.25	32.97	10,452.21	7.75
201305	10,931.10	-13.05	42.84	47,477.28	34.84	--	--
201304	12,571.86	33.32	58.28	36,546.19	32.62	--	--
201303	9,429.72	54.79	14.61	23,974.21	22.22	3,735.77	2.77
201302	6,092.04	-27.93	-2.21	14,544.61	27.73	--	--
201301	8,452.57	11.47	63.88	8,452.57	63.88	--	--

資料來源：CMoney

圖 4-5-2 聯發科季營收、毛利率、營業利益率與淨利率

單位：百萬元

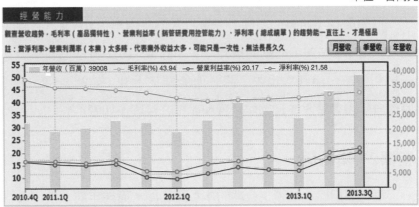

資料來源：CMoney理財寶「會計師教你用財報挑好股」

圖4-5-3 聯發科股價與營收成長動能關係

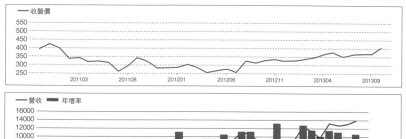

資料來源：CMoney

作。現在投資人經過幾波總體經濟的起落，應該是已變得更加理性，例如現在生技類股的本益比，大約落在14到25倍，相較2000年初期29到134倍，顯示投資人更重視基本面。

指標3：營業活動現金流量（CFO）

第三個指標，是衡量來自營業活動的現金（CFO）。被視為「四大慘業」的DRAM、面板、太陽能與LED產業，多數廠商的CFO皆為負數。其中與再生能源議題息息相關的太陽能產業，因為光電轉換效率技術仍在發展中，價格與發電效率無法與化石燃料、核能匹敵，讓國際上對於再生能源存在疑慮，這讓台灣太陽能產業首當其衝，現在因為技術進步，以及國際政策明朗化，

太陽能產業逐漸走出谷底，但距離全面復甦仍有段距離。

指標4：自由現金流量（FCF）

第四個指標，是「來自營業活動的現金」減去公司「必要的投資支出」，也就是所謂的自由現金流量，這個指標算是第三個指標的延伸，讓投資人對於公司能發配多少現金股利，心裡能更有個底。一家公司長期自由現金流量為負數，代表來自營業活動的現金都拿去作廠房機器設備投資，入不敷出，只能靠舉債、增資來支應現金缺口，絕對不是好現象。

例如太陽能電池生產廠商益通（3452），在股價高峰的2006年至2008年，稅後淨利、EPS雖然年年新高，但營業活動現金流量在這三年從未流入，自由現金流量亦連三年為負數，就是顯而易見的一大警訊（如圖4-5-4）。至2012年，稅後淨損有逐漸減少的趨勢，營業活動現金流量亦從2007年的谷底回升；而自由現金流量長期為負數，至2012年為–0.97億元，亦有逐漸減少的趨勢。2013年第2季營收增加，益通逐漸打平虧損，稅後淨損歸屬於母公司自2012年第2季的新台幣6.68億元，降至新台幣4.33億元，每股稅後淨損為0.64元。儘管如此，一家企業長期虧損，且營業活動現金流量、自由現金流量為負數或是接近0，都不建議保守的投資人放入持股名單中。

圖 4-5-4 益通的稅後淨利、CFO、CFI、CFF與自由現金流量

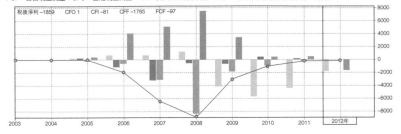

現金流量

還在迷信稅後盈餘（EPS）創新高嗎？Show Me The Money! CFC有流入才算數。
CFC（CFO-CFI）長期為負數，只是當過路財神，不是好現象，只好瞄藥靠CFF（借錢、增資）來應付現金缺口
FCF：自由現金流量；CFO：營運現金流量；CFI：投資活動現金流量；CFF：籌資活動現金流量（單位：百萬）

資料來源：CMoney理財寶「會計師教你用財報挑好股」

長線三大價值型投資指標

要進行長線投資組合規畫的投資人，以下有三大價值型投資指標，可以幫助你找到適合的標的：

能長期發放現金股利

要查詢哪一間公司有能力連續數年都發得出現金股利，只要翻閱歷史資料，相信就能得到一長串名單，以下舉出大家耳熟能詳的範例：中興電（1513）、興農（1712）、花仙子（1730）、台積電（2330）、光寶科（2301）、廣達（2382）、德律（3030）、統一實（9907）、春源（2010）、新光鋼（2031）、

威健（3033）、美利達（9914）、百和（9938）……等，還有更多長期發放現金股利的個股等你發掘。

小心愛發放股票股利的公司

EPS計算的分母，每年都會增加，對投資人而言很直覺的現實是：每一張股票分配到的盈餘愈來愈少了。

五年股利評價法

以5年來定義長線，讀者可善用表4-5-3的5年股利評價法，去調整自己的投資組合。

表4-5-3 「**買進價格」決定每年的股利報酬率**

比率	算式	意義	判斷標準
5年股利評價法	$\dfrac{\text{股價}}{\text{5年平均現金股利}}$	利用近5年平均現金股利，來計算合理的股價範圍	$\dfrac{\text{低點買進股價}}{\text{5年平均現金股利}} = 15$ 代表15年後可以賺回股票的100% $\dfrac{\text{高點賣出股價}}{\text{5年平均現金股利}} = 25$ 代表25年後可以賺回股票的100%

最後，我們來一題超簡單的計算題，這樣讀者就可以知道怎樣去找出合理股價區間。

【個案】

假設某公司從第一年到第五年，分別給予現金股利

0.98、2.72、3.2、2.2、1.5 元，因此五年平均現金股利

＝（0.98+2.72+3.2+2.2+1.5）÷ 5 ＝ 10.6 ÷ 5 ＝ 2.12 元。

低點買進股價 ÷ 2.12 ＝ 15 → 低點買進股價 ＝ 15 × 2.12 ＝ 31.8 元

高點賣出股價 ÷ 2.12 ＝ 25 → 高點賣出股價 ＝ 25 × 2.12 ＝ 53 元

　　因此，當某公司的股價接近 31.8 元時，就是逢低買進的時刻；反之，當股價上漲到 53 元左右，就該停利，伺機脫手。覺得這個案數字很熟悉嗎？沒錯，這可不是教科書上的例題，而是大家熟悉的緯創（3231）2008 至 2012 年的實際現金股利數字。2013 年 8 月初，緯創除權息後，股價在 25 元至 28 元間徘徊，配合可能成為蘋果 2014 年新供應鏈的訊息，9 月初法人開始買超。股市瞬息萬變，所有訊息都需要加以驗證，後續營收、EPS、法人買超能否持續推升，就是我們加以驗證的切入點。

　　過去這幾年，全球電子科技產業變化多端，對於保守的投資人而言，「五年股利評價法」更適合用於市場規模成長、市占率高、有通路或產品差異優勢的傳產股。

　　我相信，五力分析以及這些實際的建議，能讓投資人抓住股市脈動，理性務實地進行投資理財，即使在 IFRSs 新制度底下，也不會感到迷惘。

Chapter

5

好股、壞股5分鐘
精準揪出

　　「魔鬼藏在細節裡」（Devil in the Details）這句英文老諺語，在2008年從鴻海董事長郭台銘之口說出後（以出版品方式對大眾公開），立刻成為風靡全台的流行語，數年來熱度不減。

　　不過，這句名言的適用之處，不只是郭台銘所言的經營管理，更適用在形容財務報表上（相信當過簽證會計師的同業們，必然會為此看法，以點頭如搗蒜的方式贊同我）。因為依現行法令規定，上市櫃企業的財務報表必須充分揭露所有的經營情況，以便盡到告知投資人的義務。所以，投資人隨便拿起一本上市櫃企業的財務報表，都會發現它既像滿是字海的辭典，且用字繞口，像本看都看不懂的「天書」。即使是偏愛以財報資訊做投資決策的民眾，多數也只看財務報表最前面的四大報表，就上頭的數字去找投資的Fu（感受），卻忽略財務報表「早就告訴你」的重大情況。

　　然而，我也捫心自問，如果自己不是會計師，只是一般投資人，會不會這麼認真地看財務報表，想盡辦法要把那些字海都讀懂？答案無疑地是「不會」！所以，為讓投資人不必弄懂財務報表全文，也能做到「打擊魔鬼」之效，接下來在本章中，將直接點出魔鬼藏身處，並分析地雷股會在財報上出現哪些徵兆，讓投資人免被魔鬼欺凌。同時也將舉2個台股實例，帶著大家從IFRSs新制觀點，檢視上市櫃企業的獲利引擎與投資價值何在。

5-1

魔鬼藏在財報附註細節裡

　　「附註」在中文語彙裡是用以補充主題的不足之處，而財務報表附註，自然就是對資產負債表、綜合損益表等財報數據形成的來龍去脈，做出較詳盡的說明。附註的重要性可從其在一份財務報告書中占近90%的篇幅得知，只是過往投資人都只把前幾頁的報表看完，就自認為「看過財報了」，殊不知數字上無法仔細呈現的各種眉角，才是投資致勝與否的關鍵。

　　況且，除非有特殊情形，否則上市櫃公司財務報表中的附註項目大致相同（如圖5-1-1），這也是財務報告書在法令規範下，「高度標準化」的好處之一。因此，投資人只要耐心地學著看一次，就可以很快地透過財報附註，了解股海中被眾人追捧的個股，真正的投資價值有幾分？也能清楚明白，爆出遭檢調單位偵察的上市櫃企業，到底出了什麼問題？

圖 5-1-1 財務報告書目錄案例

目　錄

註：本圖以統一實（9907）民國102年第2季合併財務報告目錄為例

資料來源：公開資訊觀測站

按圖索驥看出數字後的真實

　　密密麻麻的財報附註該怎麼看才對？投資人如果已經很熟悉上市櫃企業的財務報表格式，也很清楚地知道想確認的細部資訊為何（例如想知道企業轉投資的公司有哪些），可就目錄頁數直接查詢；但要是不太熟，可留意四大財務報表中，各會計項目之後的附註編號（如圖5-1-2），按圖索驥。像是想知道統一實（9907）第2季占總資產12%的存貨，到底是還沒有賣掉的製成品居多，還是原料多，就可以翻到「附註六（四）」裡看分明。

　　不過，相對於單季的財務報告，年度（即第4季）財務報告中的附註，還是較完整詳細的；而且依IFRSs新制規定，只有年度財務報告需要出具合併及個體（即母公司）兩款報表。以長期借款為例，單季合併財務報告中的附註說明會揭露變動數、未來幾年的還款金額數（債務清償排程）；年度合併財務報告中的附註說明，不只會揭露這些事項，還會詳細說明各筆長期借款的金額、運用方式，讓投資人可以預先知道企業未來要支付多少大額借款，會不會產生無法支應的現金缺口；而年度母公司財務報告中，還會有長式的會計項目明細說明，比合併財務報告更為細化。

圖5-1-2 以統一實（9907）合併資產負債表為例（民國102年第2季）

虛擬範例，未依一般公認審計準則查核

統一實業股份有限公司及其子公司

合併資產負債表

民國102年6月30日與101年12月31日、101年6月30日及101年1月1日

單位：新台幣千元

	資產	102.6.30 金額	%	101.12.31 金額	%	101.6.30 金額	%	101.1.1 金額	%
	流動資產								
1100	現金及約當現金(附註六(一))	$ 1,872,566	4	2,022,444	5	1,324,579	3	2,413,628	6
1150	應收票據淨額(附註六(二))	956,218	2	1,093,374	3	1,296,035	3	1,410,398	4
1170	應收帳款淨額(附註六(三))	1,859,083	4	1,743,753	5	1,882,405	5	1,694,474	4
1180	應收帳款—關係人淨額(附註六(三))	839,287	2	582,434	-	268,861	1	28,215	-
1200	其他應收款(附註六(三))	14,248	-	4,670	-	19,225	-	29,422	-
1220	本期所得稅資產	10,615	-	6,387	-	3,381	-	5,992	-
1310	存貨(附註六(四))	5,327,077	12	4,812,708	12	5,463,288	14	5,204,983	14
1410	預付款項(附註六(五))	277,223	1	89,578	-	97,971	-	34,314	-
1470	其他流動資產(附註六(八))	930,037	2	665,315	2	627,241	2	363,424	1
		12,086,344	27	11,020,663	28	10,982,986	28	11,184,850	29
	非流動資產								
1523	備供出售金融資產—非流動(附註六(二))	165,234	-	134,728	-	123,694	-	136,124	-
1543	以成本衡量之金融資產—非流動(附註六(二))	501,050	1	501,050	1	501,050	-	501,050	1
1600	不動產、廠房及設備(附註六(五)及七)	30,577,692	68	26,463,893	68	26,675,637	68	25,398,302	67
1760	投資性不動產淨額(附註六(六)及七)	10,561	-	10,561	-	20,950	-	21,544	-
1780	無形資產(附註六(七))	490,148	1	444,171	-	470,594	-	492,374	-
1840	遞延所得稅資產	168,481	1	138,976	-	141,677	-	202,542	-
1920	存出保證金(附註十七)	74,452	-	24,886	-	11,531	-	11,683	-
1990	其他非流動資產(附註六(八))	782,598	2	326,319	1	201,766	1	215,490	1
		32,770,616	73	28,044,584	72	28,146,899	72	26,979,109	71
	資產總計	$ 44,856,960	100	39,065,247	100	39,129,885	100	38,163,959	100

	負債及權益	102.6.30 金額	%	101.12.31 金額	%	101.6.30 金額	%	101.1.1 金額	%
	流動負債								
2100	短期借款(附註六(九))	$ 3,546,058	8	3,188,031	8	3,140,870	8	2,809,137	8
2110	應付短期票券(附註六(九))					179,907	-	99,986	-
2150	應付票據	23,832	-	27,035	-	19,429	-	31,904	-
2170	應付帳款	1,288,491	3	849,987	-	581,646	2	366,723	1
2180	應付帳款—關係人(附註七)	304,511	-	31,605	-	94,527	-	9,937	-
2200	其他應付款(附註七)	1,035,287	2	913,093	-	1,548,110	4	728,804	2
2220	其他應付款—關係人(附註七)	1,293,265	3	15,725	-	16,734	-	115,043	-
2230	本期所得稅負債	108,879	-	76,668	-	85,158	-	98,638	-
2300	其他流動負債(附註十一)	100,531	-						
2320	一年或一營業週期內到期長期負債(附註六(十一))	3,681,191	8	1,999,639	5	3,521,535	9	3,054,212	8
		11,382,045	25	7,101,783	17	9,187,916	23	7,314,384	19
	非流動負債								
2540	長期借款(附註六(十一))	12,938,502	29	12,364,400	26	10,368,674	26	10,394,593	27
2550	負債準備—非流動(附註六(十二))	70,646	-	69,990	-	69,346	-	68,702	-
2570	遞延所得稅負債(附註六(十二))	210,645	1	203,013	-	202,928	1	202,078	1
2640	應計退休金負債	458,236	-	485,628	-	381,851	-	409,391	-
2670	其他非流動負債	12,291	-	14,064	-	12,889	-	17,759	-
		13,690,320	31	13,137,095	34	11,035,688	28	11,092,523	29
	負債合計	25,072,365	56	20,238,878	51	20,223,604	51	18,406,907	48
	權益								
	歸屬於母公司業主之權益(附註六(十五))								
3110	股本(附註六(十))	15,791,453	35	15,791,453	40	15,791,453	40	15,791,453	41
3200	資本公積	228,178	-	228,178	-	228,178	-	228,178	-
3300	保留盈餘	2,641,701	6	2,186,313	-	2,194,904	6	2,902,297	8
3400	其他權益	12,630	-	(408,727)	-	(349,442)	(1)	(242,793)	(1)
		18,673,962	42	17,797,217	46	17,865,093	46	18,679,135	49
36XX	非控制權益	1,110,633	2	1,029,152	-	1,041,188	3	1,077,917	3
	權益總計	19,784,595	44	18,826,369	49	18,906,281	49	19,757,052	52
	負債及權益總計	$ 44,856,960	100	39,065,247	100	39,129,885	100	38,163,959	100

資料來源：公開資訊觀測站

　　再者，除了第3章內容提到的轉投資公司（含大陸投資資訊）有哪些、備供出售金融資產細目情形及公允價值的可靠性評價、或有事項（如友達訴訟案）……等，以及應收帳款的帳齡分析表、營業外收入及支出明細、部門別資訊（多角化經營的營收來源）等資訊，都可以在附註中尋得之外，在這裡要特別提醒投資人留意的，還有重大期後事項和重大交易事項，因為企業的重要訊息，也都會記載在這裡。

揭開面紗背後的利多及利空

　　有些重大期後事項，即使事件發生日在報表編製期後，但因影響性重大，所以會調進報表中；影響性較小者，則在附註揭露即可。而有些公司派甚至會傾向「大事化小」，讓事件可符合不必揭露的規定。

　　就拿鴻夏戀來說，由於雙方對合作後的股票持份有初步決議，但在談婚論嫁過程中，夏普的股價重挫，與原決議的股價有不小的落差，導致鴻海出現金融負債中所認定的「未實現」損失。

　　可是，因為鴻海還沒有下聘（資金尚未匯到日本），讓損益處於難以確定的狀態。所以，鴻海依金管會指示，將這筆45億

元的股權認購合約損失先於6月30日認列後,再於7月31日迴轉(如圖5-1-3)。但不知內情的民眾(或健忘的投資人)都不記得未來損失會迴轉一事,便在看到第2季每股盈餘(EPS)下降,就忙著下殺持股,使得鴻海股價大跌;到第3季財報公布時,股價又因為「平白」增加的45億元,上漲一波。

圖5-1-3 重大期後事項調整案例(以鴻夏戀為例)

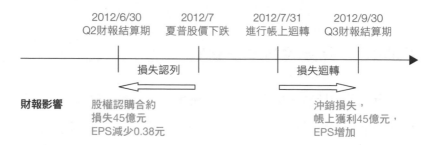

然而,鴻海實際上既沒賠,也沒賺,股價漲幅只是如夢一場。對知情的投資人而言,或許在這段時期趁機撈了一把;但不知情的投資人,就只能跑龍套演出炮灰角色了。

至於,投資人需要留意的重大交易事項揭露,則是:買進或賣出同一有價證券、取得或賣出不動產、與關係人進貨或銷貨、應收關係人款項等4項交易金額,達到新台幣1億元或實收資本額20%以上時,便必須特別小心。

　　因為有這些情況出現，就表示企業可能有炒房、炒股或關係人私相授受的疑慮產生。根據報導，長虹（5534）董事長夫人郭秀麗、董事長之子李耀中、李耀民等人，在2005年至2007年期間，直接以自然人或間接以法人身分陸續購進土地後，出售給長虹。由於土地成本總計為12億元，售予公司的賣價則逾14億元，在2009年7月遭到地檢署以關係人掏空套利2億元偵察。

　　姑且不論，經過長達1年多的調查後，檢方為何以「證據不足，故不起訴」結案。但這類高額的關係人交易，總有一定程度以上的風險存在；此外，企業資金貸與他人、為他人背書保證的金額過高，在集團現金週轉不靈時，更會是壓倒駱駝的最後一根稻草。因此，若在附註的關係人交易或重大交易事項中發現這種「風險因子」，投資人就不能對這家上市櫃企業過度樂觀。

會計師早就偷偷告訴你的事

　　上市櫃公司的每份財務報告書，都必須有會計師簽名，才算完成簽證程序。因此，會計師的報告書總是「很被重視地」排在目錄之後，但投資人總覺得會計師是專業人士，絕不會拿自己的名譽開玩笑，所以財報上只要「有會計師的簽名」就沒問題。因此，幾乎沒有投資人會多看它一眼。只是，這個觀念雖然沒錯，

大家卻從沒想過若是公司派蓄意隱藏，會計師也有「無法發現所有的舞弊非法行為」的執業風險。否則，台股市場中哪來那麼多的地雷股事件？

會計師的報告書最可愛的一點，就是無論是勤業眾信、資誠、安侯建業、安永等4大會計師事務所，還是其他國內中小型會計師事務所進行的簽證報告，它們的長相幾乎一樣（圖5-1-4），而且通常只有一頁的篇幅。

圖5-1-4 會計師查核／核閱報告書的內容配置

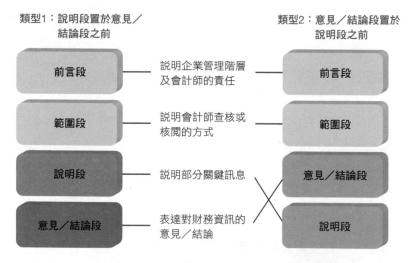

類型1：說明段置於意見／結論段之前

類型2：意見／結論段置於說明段之前

前言段	說明企業管理階層及會計師的責任	前言段
範圍段	說明會計師查核或核閱的方式	範圍段
說明段	說明部分關鍵訊息	意見／結論段
意見／結論段	表達對財務資訊的意見／結論	說明段

註：會計師在查核報告中表達的是「意見」；在核閱報告中表達的是「結論」。
經過查核的意見比經過核閱的結論更肯定。

　　但是，可別小看這短短700到800字，裡頭藏著會計師想偷偷告訴投資大眾的「密碼」（如表5-1-1）。當會計師的查核或核閱報告，出現密碼2至5的相關文字時，就表示會計師發現，企業使用不適當的會計方法或揭露方式呈現財報資訊，或是查核或核閱範圍受限制時，因而進行專業上的自我保護，以及對投資人進行重大的利空預警。所以，即使這家企業的股價還沒有在股市中出現大幅的變化，也沒有聽聞市場有鉅額賣超的跡象，手中有持股的投資人，還是要及早脫手為上策。

表5-1-1 **會計師查核／核閱報告書的解讀關鍵**

項目 關鍵	查核報告書	核閱報告書	風險度／預警度
密碼1	無保留意見 （標準式／修正式）	無保留核閱報告 （標準式／修正式）	低／允當表達
密碼2	保留意見[註1]	保留式核閱報告[註1]	中／情節重大
密碼3	保留意見[註2]	保留式核閱報告[註2]	中／情節重大
密碼4	否定意見[註1]	否定式核閱報告[註1]	高／情節極為重大
密碼5	無法表示意見[註2]	拒絕式核閱報告[註2]	高／情節極為重大

註1：企業使用不適當的會計方法或揭露方式呈現財報資訊時，會計師依情節重大／極為重大分別出具密碼2、密碼4的報告。

註2：會計師查核或核閱範圍受限制時，會計師依情節重大／極為重大分別出具密碼3、密碼5的報告。

　　台灣的會計師查核或核閱報告，多半可區分為前言段、範圍段、說明段和意見／結論段等4段式內容（若行文採3段式者，則多是省去說明段，或是省去範圍段）。基本上，「密碼」會出現的地方是在說明段和意見／結論段，前言段和範圍段只是說明性文字，重要性不高。要是出現圖5-1-4的類型2，只要內容沒有出現表5-1-1中，密碼2至5的文字，都屬於無特殊情況的會計師報告；就像圖5-1-5的案例，會計師查核報告中，既無說明段，又直接講出現有的財報資訊「足以允當表達」企業的經營情況，就是經會計師簽證的安全型財務報表。

不給看的地方就是問題所在

　　但是，若看到圖5-1-4的類型1，也就是說明段在意見／結論段之前，就表示會計師「有話要說」。例如會計師常在說明段中，先提及某上市櫃企業在海外的子公司眾多，資產負債的金額占企業比重高，但會計師「沒有看到那部分」的資訊，無法確定是否有影響企業經營的重大事項之後，再於意見／結論段中表示「除了上述……（即說明段）」資訊外，企業財報資訊尚屬充分揭露。翻譯成白話的說法就是「海外那堆公司的情況我不曉得，如果它們有什麼情況影響到企業，我可不負責喔！」

圖 5-1-5 會計師查核報告書的案例：統一實（9907）（民國103年第4季）

會計師查核報告書

(104)財審報字第14003440號

統一實業股份有限公司　公鑒：

前言段　　統一實業股份有限公司及子公司民國103年及102年12月31日之合併資產負債表，暨民國103年及102年1月1日至12月31日之合併綜合損益表、合併權益變動表及合併現金流量表，業經本會計師查核竣事。上開合併財務報告之編製係公司管理階層之責任，本會計師之責任則為根據查核結果對上開合併財務報告表示意見。

範圍段　　本會計師係依照「會計師查核簽證財務報表規則」及中華民國一般公認審計準則規劃並執行查核工作，以合理確信合併財務報告有無重大不實表達。此項查核工作包括以抽查方式獲取合併財務報告所列金額及所揭露事項之查核證據、評估管理階層編製合併財務報告所採用之會計原則及所作之重大會計估計，暨評估合併財務報告整體之表達。本會計師相信此項查核工作可對所表示之意見提供合理之依據。

意見段　　依本會計師之意見，第一段所述合併財務報告在所有重大方面係依照中華民國「證券發行人財務報告編製準則」及金融監督管理委員會認可之國際財務報導準則、國際會計準則、解釋及解釋公告編製，足以允當表達統一實業股份有限公司及子公司民國103年及102年12月31日之財務狀況，暨民國103年及102年1月1日至12月31日之財務績效與現金流量。

統一實業股份有限公司已編製民國103年度及102年度個體財務報告，並經本會計師出具無保留意見之查核報告在案，備供參考。

資 誠 聯 合 會 計 師 事 務 所

林姿妤

會計師

李明憲

前財政部證券管理委員會
核准簽證文號：(82)台財證(六)第44927號
　　　　　　　(78)台財證(一)第30934號

中 華 民 國 １０４ 年 ３ 月 ２５ 日

　　至於，「沒有看到那部分」資訊的情況有兩種，較好的情況是企業國內和海外子公司的簽證業務，委託給不同的會計師事務所負責，但較糟的情況，就是「沒有會計師進行帳務簽證」，也代表搞怪機率極高。但最嚴重的情況，不外乎會計師在報告中，表示「無法表示意見」或出具拒絕式核閱報告的報告書。而近來最為人所知的，就是首檔因為遭到會計師（新加坡勤業眾信會計師事務所）出具「無法表示意見」報告，而於2012年5月16日被證交所打入全額交割股，且因為無法提出補正資訊，於2013年7月30日下市的歐聖（910579-TW）。

　　歐聖出了什麼問題？這得從歐聖的營業項目說起。號稱為全球最大鮑魚業者的歐聖集團，從鮑魚養殖向下拓展到鮑魚加工和鮑魚餐廳，2009年年底挾帶著當年度營收和盈餘年成長率高達64%的氣勢，來台發行TDR。但簽證會計師在查核歐聖2011年帳務時，卻發現該公司的帳務太不清不楚，例如生物性資產——鮑魚大量死亡的情況，無從查起，難以驗證生物性資產死亡所認列的損失；再加上查核過程中，也無法取得購買原料、飼料及消耗品、不動產、廠房及設備之相關佐證資料，讓會計師不得不打從心底發毛，最後不得不出具「無法表示意見」的報告。

　　我自己擔任簽證會計師查帳時，也曾遇過在查核存貨數量時，企業故意拖延或拿出重複的存貨來充數，這時就很考驗會計

師的查核技巧，但像歐聖這樣，存貨都「死無對證」的情況，倒是少見。總而言之，在會計查核實務上，只要是不給會計師看的，或是故意弄得讓人看不清楚的，都是弊端之源。因此，當會計師在查核報告書上，寫出查核範圍受限制、否定或無法表示意見等字眼時，投資人就得挫咧等了。

新制的年度財報最可信

從本書的第1章開始，陸續說了IFRSs新制在資訊揭露上的諸多優點，但它也有資訊揭露上的缺點。由表5-1-2可知，新制為便於企業編製合併報表，將公告期限延後，卻也使得投資人較晚才能取得完整的財報資訊；而且，舊制在第2季結束後公布的上市櫃企業半年報和隔年年報，都是採取較嚴格的查核型式，新制只餘年報採行查核。換句話說，未來投資人想要看到會計師準確把關的財務報告，一年也只有一次。

查核和核閱有什麼不同，在稍早提過的歐聖案例中，就可以清楚地看到威力。

再以統一實（9907）2013年第2季季報中的會計師核閱報告書為例（圖5-1-6），便可發現會計師因為核閱方式可取得的資訊，遠不如查核來得精確，使其在報告中的文字變得更為含糊

表5-1-2 IFRSs 新制下的財務報告公告期限

財務報告	編製體例		會計師簽證型態		公告期限	
	舊制	新制	舊制	新制	舊制	新制
第1季	個體		核閱		4/30	
	合併	合併	核閱	核閱	5/15	5/15
第2季	個體		查核		8/31	
	合併	合併	核閱	核閱	9/13	8/14
第3季	個體		核閱		10/31	
	合併	合併	核閱	核閱	11/14	11/14
第4季	個體	個體	查核	查核	3/31	3/31
	合併	合併	查核	查核	3/31	3/31

註：本表指一般產業，金融產業的規定則不同。另，舊制的第2季結束後公布的
　　財報稱為半年報。

與保守，且強調「僅就企業提供的資訊，實施分析、比較及查詢」；接著，在說明段中詳述第2季季報中，企業旗下部分子公司資產、負債及損益在合併財務報表中的比重，以表示「這部分資料我沒看過，我無法負責」；最後，再提出「就現有資訊看來，企業沒有要另外提出修正的事情」作結。綜上所言，在會計師核閱報告趨向保守的情況下，更顯得年度查核報告的珍貴之處。

圖 5-1-6 會計師核閱報告書的案例：統一實（9907）（民國102年第2季）

會 計 師 核 閱 報 告

統一實業股份有限公司董事會　公鑒：

前言段　統一實業股份有限公司及其子公司民國一〇二年六月三十日與一〇一年十二月三十一日、六月三十日及一月一日之合併資產負債表，與民國一〇二年及一〇一年四月一日至六月三十日及一〇二年及一〇一年一月一日至六月三十日之合併綜合損益表暨民國一〇二年及一〇一年一月一日至六月三十日之合併權益變動表及合併現金流量表，業經本會計師核閱竣事。上開合併財務季報告之編製係管理階層之責任，本會計師之責任則為根據核閱結果出具報告。

範圍段　除第三段所述者外，本會計師係依照審計準則公報第三十六號「財務報表之核閱」規劃並執行核閱工作。由於本會計師僅實施分析、比較與查詢，並未依照一般公認審計準則查核，故無法對上開合併財務季報告整體表示查核意見。

說明段　統一實業股份有限公司列入上開合併財務季報告之部份子公司，係依該等被投資公司同期間未經會計師核閱之財務季報告為依據，民國一〇二年六月三十日與一〇一年六月三十日其資產總額分別為13,303,820千元及0千元，分別佔合併資產總額之30%及0%，負債總額分別為4,832,587千元及0千元，分別佔合併負債總額之19%及0%；民國一〇二年及一〇一年四月一日至六月三十日及一〇二年及一〇一年一月一日至六月三十日其綜合損益分別為9,053千元、0千元、49,074千元及0千元，分別佔合併綜合損益之1%、0%、4%及0%。

結論段　依本會計師核閱結果，除第三段所述該等被投資公司財務季報告倘經會計師核閱，對第一段所述之合併財務季報告可能有所調整之影響外，並未發現第一段所述合併財務季報告在所有重大方面有違反證券發行人財務報告編製準則、金融監督管理委員會認可之國際財務報導準則第一號「首次採用國際財務報導準則」及國際會計準則第三十四號「期中財務報導」而須作修正之情事。

安 侯 建 業 聯 合 會 計 師 事 務 所

張　嘉　信

會 計 師：

許　振　隆

證券主管機關　(88)台財證(六)第18311號
核准簽證文號：金管證六字第0960069825號
民 國 一〇二 年 八 月 七 日

地雷股徵兆大揭祕

一本講述財務報表與投資的書籍，特別用一段章節描述財務報表的粉飾，實在是很掃興的事情。但若沒有提醒投資人，在財務數字背後仍然會藏有許多公司舞弊的事實，又有失告知的責任與義務。

會粉飾財報的公司不一定會是地雷，不過地雷公司一定會用盡各種手段來粉飾財報。許多人都說財務報表只不過是一家公司的後照鏡，然後放棄財務報告書的閱讀，在我看來是為自己的偷懶或不肯學習找藉口。習慣閱讀財務報表的投資人，不一定能夠在財務數字中挖掘出非常潛力股，但至少可以「後知後覺」在財務報表公布後，連會計師、法人都見到問題時，不會還傻傻地相信公司派而繼續持有股票，最後跟自己的鈔票過不去。

大型地雷1：2001年美國安隆案

2001年12月2日，全美第七大、跨國辦公室超過40個國家、總共雇用了超過2萬名的員工、從1996年至001年連續6年列名《財星》（Fortune）雜誌「全美最創新企業」的安隆企業（Enron），宣布破產。安隆留下了318億美元的債務，股價從2000年8月17日最高點每股90美元，跌到剩下0.4元（如圖5-2-1），最後走上破產一途。

圖5-2-1 安隆企業1997至2001年股價走勢圖

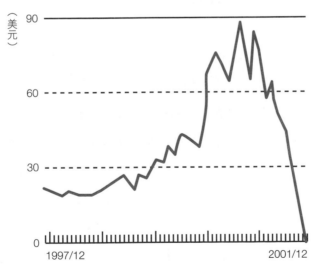

資料來源：Bloomberg

安隆企業創造與其本業相關的能源合約交易市場，並向美國證管會（SEC）申請「當日結算原則」（mark-to-market）會計原則，可將未來的未實現利益提前到簽約日，當成已實現利益做結算，使得公司在短時間內迅速增加淨收入，在市場熱絡的時候，安隆企業坐收龐大的帳上利益。

這好比是一家外銷企業，光是收到客戶的預計訂單（Forecast）時，就先全部認列成營收一樣，使財務報表呈現不實的獲利假象。

此外，安隆企業設立了將近3千家的子公司與所謂的特殊目的個體（SPE, Special Purpose Entity），其中約有900家設立在海外的避稅天堂。由於符合某些特定條件之SPE，其資產及相關負債及權益，可不顯示於安隆資產負債表當中，安隆就利用這綿密又錯綜複雜的子公司之間進行交易，以籌措資金、挪用資產、操縱利潤，來美化財務報表，隱藏公司實際虧損及負債狀況。

有些SPE其實就是由安隆高階主管所成立，他們本身、家人和朋友，均從中圖利數百萬美元。此外，安隆多位高階主管在公司問題開始曝光、股價開始崩跌之前，便大舉出售股票，以賺取驚人利益。

一如所有資本主義弊端的標準結局，2萬多名員工失去工作與醫療保險，平均所得資遣費僅4,500美元，而高階主管的平均

紅利卻高達5,500萬美元。

大型地雷2：2011年日本奧林巴斯假帳醜聞

2011年11月8日，日本光學大廠奧林巴斯（Olympus）坦承，其內部高層涉嫌浮報13億美元的併購交易金額，以作假帳方式持續約13年。這個事件是由於奧林巴斯首位非日裔執行長伍德福（Michael Woodford）於10月上任兩週後，因質疑公司一系列企業併購的鉅額顧問費而被董事會解僱，此案因而爆發。

奧林巴斯在2006年至2008年的幾項大型收購案中，將收購資金中的6.87億美元，匯入位於開曼群島的一家不知名金融顧問公司做為顧問費；或是收購日本國內企業，才隔一年就認列價值減損約7億美元。這些消失的金額，全都用於「填補」公司先前長期投資虧損。

奧林巴斯面臨股東法律訴訟，一個月內股價由2,400元下跌到460日圓，下跌幅度高達80%，市值蒸發60億美元。（見圖5-2-2）

與安隆案不同的地方在於，奧林巴斯是挖東牆補西牆，把13年前隱藏的虧損，透過2006年至2008年間的4筆大型購併交易，提列費用或是用資產減損來補之前的大洞。早期隱藏的虧

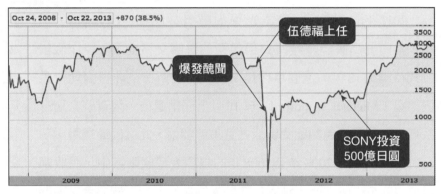

圖 5-2-2 奧林巴斯五年以來股價走勢

資料來源：Google Finance

損，已經於近年透過新的假虧損來填補，所以對投資人而言，面對的是市場質疑經營團隊的誠信，以及是否還有其他隱藏虧損等不確定性因素的憂慮。

爾後，因為沒有新的隱藏虧損，且奧林巴斯已經把過去虧損提列完畢，對公司沒有產生立即致命的影響。僥倖的是，股價於2012年就回升至1,500日圓，2012年9月28日，新力（Sony）宣布對奧林巴斯投資500億日圓，成為最大股東，至今已回升到3,000日圓以上。

財報數字背後仍大有文章

在台灣，也曾經有不少地雷股，如知名的博達（2398）、訊碟（2491）、皇統（2490）、雅新（2418），這幾個被管理階層掏空的大地雷，都曾經重創那些毫不知情的台股投資人。這些地雷公司都曾經是市場熱門的投資標的，在營運走強過程中，受到媒體與閃光燈密切的關注，股價表現也都曾是一時之秀，在行情熱絡的時候，股價甚至高達三位數。這些公司的經營者都被視為是明日之星，個個看起來道貌岸然，儼然都是商場成功人士。

但我們若仔細檢視這些地雷公司的案例，則會發現這些案例出事前，在財報上經常有跡可循。共同特徵都是在虛增的營收數字當中，出現應收帳款與存貨異常暴增，自由現金流量長期負數，而且帳上有過多的轉投資，還涉及購買鉅額的衍生性金融商品；或是突然更換簽證會計師與高階主管異動，管理階層過於重視公司股價，大股東接連申報轉讓，或是大股東質押比過高等等異常的警訊。

四個方向，認識財務操作的手法

財務操作其實原本不是罪惡，因為會計是一種財務表達的語言，只要符合會計準則，公司管理階層的確有空間可以依照公司

的產業差異，自行決定部分會計項目呈現的方式。只是這樣的一種可變通性，卻會被有心人士利用，讓人覺得那些管理階層就好像是風流的壞男人一樣：「在追求之時甜言蜜語，到手之後愛理不理。」

為什麼管理階層總是忍不住會去越過那條界線呢？原因無他，因為操弄財務數字其實簡單，又不容易被發現。一家公司實際的經營狀況，外部股東其實是不易掌握的，就算是稽查的查核人員，也不見得對於公司營運細節能夠那麼了解，而且許多營運手法本來就是業界潛規則，並不是會計師所能夠任意扭轉。這樣資訊的不對稱性，使得管理階層受到致命吸引力的影響而做出越軌的行為。

而財務操作的手法簡單來說有幾個基本核心，就是透過增列營收與降低費用以增加盈餘，調整帳務被認列的期間，或是調整本業與業外會計項目混淆財務比率。本節就常見的財務操作手法簡單介紹如下：

一、調整會計項目

IFRSs準則導入之後，為了適時反映企業價值，企業資產負債表變動性加大，影響損益表的項目也愈來愈多。因此許多一次性利益被認列在本業收入當中，而有些經常性費用被視為業外支

出，或是費用資本化，這時候投資人就會有誤以為公司財務比率轉強，但這其實只是財務手法的調整。

二、延長設備耐用年限

以製造業來說，廠房與設備這種固定資產，需要每期提列折舊費用，會降低淨利，如果延長設備耐用年限，就可以更進一步降低每期折舊費用，讓投資人誤以為企業獲利上升使得盈餘增加，毛利率上升。但如果設備在耐用期間內提早損壞，企業還是需要添購新設備才能從事生產，其實只是把費用延後發生而已。

就好比一個人原本償還10年期的房貸，後來去向銀行展延期限，改成30年期，每個月繳2萬元的房貸，展延之後只要償還8千元，然後這個人對外宣稱自己的收入增加，其實根本就是自欺欺人的花招。

三、透過轉投資項目，資金挪移海外

對於企業經營者而言，透過轉投資錢進海外，有很大的誘因與利益，這些跨國的轉投資項目，查核人員根本無法確實查核。一張張製作精美、在國外透過金融單位背書的採用權益法之投資，如果最後無法對企業貢獻現金流，甚至還認列轉投資虧損，不是管理階層有鬼，就是經營能力太差。

合併報表中轉投資項目過多會損害財務報表透明度，許多公司以49%轉投資設立海外公司，有時候就是有心人為了規避編列合併報表；而採用權益法之投資（持股20至50%），因為不需要編列合併報表，我們就無法知道其關聯企業的負債狀況，增加分析公司財務的困難與風險。

四、調整現金流量表

不只是損益表可以美化，現金流量表中的營業活動金流量（CFO）也可以進行這種財務創新。例如壓榨供應商，年底的應付款項隔幾天支付，在財報日就看不到這筆現金流出；或是有些公司會出售應收帳款，以產生現金流入；或是安排在CFO大量流入時期，私下找融資公司償還應付帳款，以CFF現金流入來支付CFO流出。等到未來償還這筆負債時，就可以做為CFF現金流出（避開CFO現金流出），透過這個完美安排，就可以操縱現金流量的時間點與性質。如此一來，重視現金流量表的投資人，根本就看不到CFO現金流負數。

合併報表不透明，現金股利才是王道

由於IFRSs強制編制合併報表之後，會有兩個項目可能存有

資產負債表的不良包袱，採用權益法之投資與非控制權益項目占總資產比例過高，分別存在財務報表不透明、屬於外部股東比例過大的缺點，也提高了投資人的風險。

因此，這裡計算了台灣50與中100成分股當中的採用權益法之投資與非控制權益比率（表5-2-1），得到台灣50的平均採用權益法之投資為4.55%，非控制權益2.35%，中100的平均採用權益法之投資為4.72%，非控制權益2.52%。因此如果你挑選的公司合併報表中的採用權益法之投資與非控制權益，分別占總資產超出5%以上很多，就要十分小心這樣的公司。如果不懂、不會研究，至少不要隨便投資，就能降低買到地雷股的風險。

表5-2-1 台灣50與中100採用權益法之投資與非控制權益占總資產比重

%	採用權益法之投資	非控制權益
台灣50	4.55	2.35
中100	4.72	2.52

資料來源：公開資訊觀測站，102年第2季合併財務報表（羅澤鈺整理）

查核人員要負擔查核的責任，因此要面對公司財務數字不實表達或挪用資產的可能舞弊，但查核人員不一定能辨認出公司的所有風險。

很多投資人其實不清楚，成為一個外部投資人的風險，比我們自己知道的還要更大。內部管理階層在公司內拿著薪水、又領股票（員工分紅），甚至少數不肖人士還趁機利用資訊不對等，獲取價格利益。外部股東若想跟這種公司天長地久，最後通常只會被當好幾根跌停板，活活杖斃。

其實，對於外部股東來說，真正重要的是現金股利，所以現金股利才是一家公司對於股東誠意的表現。除非一家公司經營團隊正派誠信，財務數字沒有舞弊，對公司資產沒有進行非法挪用與掏空，母子公司間交易都如實沖銷，關係人交易也都完整揭露，否則，外部股東只看公司EPS，絕對無法知道淨利的虛實。

因此，外部股東並非只能選擇長期投資，如果搭上某些題材，搭配著合理的財務數字，跟著做點投機交易、做波段賺點資本利得，也是一種可行的投資方式，這是投資人在台灣金融市場務必要有的一些心態調整。外部投資人並不是會計師或是受過專業訓練的法人，不需要過分要求自己可以領先市場發現早期徵兆，但是仔細了解財務報表，的確可以降低自己受傷的機率。一旦公司被掏空、從股王變地雷，投資人也只能望壁紙興嘆了。

5-3

看懂財報，摸牌選好股

　　沒有經驗的投資人，除了對股票市場的長期變化缺乏概念之外，也沒有投資策略與選股的一套邏輯。

　　依靠價格走勢的技術分析，可以拿來選股票；依照公司基本面財務數字的比較評價，也可以拿來選股票；而從總體經濟或國際金融市場的變化中，也可以由上而下推演出最有可能有好表現的公司；甚至更投機一點，追蹤籌碼變化，從中找出最有可能股權被大量集中持有的股票。

　　以上說的就是技術面、基本面、總體面與籌碼面的選股方式，每個方法各有特色，也各有優點與缺點。但概括來看，不論是哪一面，其實都是一種對於未來股價的預測，你根據自己獲得的訊息，產生出自己的認知與看法，然後進行投資。

基本面為底的摸牌選股法

就像我的學經歷皆圍繞於會計相關領域,所以從基本面與財務報表切入投資,是我的優勢一樣,一般投資人在做投資時,如果從自己的優勢或專長開始,就能最快進入。你若是理工學生,或是工程背景的職場人士,研究產業競爭與生產技術,就很容易觸類旁通。如果你是個社會文學相關科系的公務員,根本沒聽過商管與經濟專業術語,就從ETF(指數股票型基金)開始選股,是投資風險較低的選擇。等到時間久了,當你對投資愈來愈有興趣,自然會在基本面與總體面有更多的著墨。

在基本面的分析上,最容易聽到的批評與指教就是:「財務數字是落後的後照鏡,等到財務報表公布,市場價格早就跑掉了。」這其實是一種對於基本面分析的誤解。

有很多時候,財務報表除了數字以外,根據財報數字逐季的變化,你可以觀察到公司的某些趨勢,並且仔細研究財務報表內的會計項目附註,有時候我們可以提前猜到「市場將來要反映什麼利多」,至少可以比媒體早一點知道,因此,我喜歡把它叫做「摸牌」。

穩健的選股入門法則

一開始要自行選股的入門投資人，我會建議他們先開始從「台灣50」與「中100」入手。因為這些中大型公司在市場的時間較久，也有法人盯著、互比績效，因此比較不會有那些小型股的風險。

對財報一無所知的人，應該在大盤行情不好且市場成交量低迷的時候，買進台灣50或是其他跟加權指數接近的ETF。如果你已經入門本書，對於財務數字有了基本概念，懂得本書所講述的分析案例，這時你應該在台灣50與中100裡開始篩選股票，因為這150家當中，總是有些產業或公司出現營運轉強，或是獲利增加的趨勢，可以成為你介入的標的。或是有些公司營運陷入遲滯，但不是衰退，而且財務表現仍然穩當，我們就可以等待這樣的公司轉強，或是依照自己的研判，在低檔時分批持有股票。

在這150家當中選股，我個人的分析觀察重點在於把「EPS成長」當作動能，「自由現金流量長期為正」當作防禦。公司每年都要能夠發放現金股利，因為現金股利是公司對股東的最大誠意，然後ROE要在15%以上，董監事持股高，技術面周線與月線均線糾結，這時候可以開始布局。如果股本在20億元附近的，我會觀察投信是否有買，股本大的就要注意外資動向，只要EPS

有成長的跡象，法人一介入的時候，通常都能夠期待一個波段。

這樣的選股邏輯，並不是天天都可以投資，但至少你可以在市場發動之前先提前準備，等待機會進場，總是比整天看媒體消息追著股價跑，風險要來得低。

表 5-3-1 台灣 50 與中 100 成分股選股條件

1. 現金股利率高、配息穩定
2. ROE 穩定在 15% 以上
3. 長期自由現金流量為正數
4. 董監事持股比率高
5. 周月線均線糾結
6. 觀察投信與外資動向

由於本書是討論財務規則變動對於財務報表的影響，並且透過這些公開資訊尋找投資標的。接下來要介紹一些透過財務報表與附註訊息，我們可以找到的投資機會與方法。

加倍奉還的神奇達人

2013 年 9 月 12 日，原神達電腦（2315）以 2 股神達電腦換 1 股神達投控股票減資下市，後以神達控股（3706）掛牌上市。減

資是一種股權單位轉換的概念,對於原股東來說股本減半,股價
上升。以神達電腦的案例來說,減資一半成為神達控股,其淨值
上升一倍至38.94元,股本由152.98億元下降至76.49億元。(圖
5-3-1)

圖5-3-1 神達電腦減資後之股權變動

	神達電腦	神達控股
	1股　換	0.5股
實收資本額	152.98億元	76.49億元
股東權益	297.86億元	297.86億元
每股淨值	19.47元	38.94元
未來賺一個股本76億	EPS $5元	EPS $10元

資料來源:公開資訊觀測站,神達控股102年公開說明書(以101年12月31日計算)

　　減資對於原股東來說並沒有差異,對企業的營運來說也沒有
任何影響,唯一改變的是新參與的股東對於這家公司的評價方式。

　　當一家公司透過減資降低股本之後,會改變市場對於其每股
報酬的預期。因為公司股本減半之後,相同的獲利數字卻可以
帶來高一倍的EPS。神達就是這樣的標準範例,由於股本下降成
76.49億元,當年度如果淨利為76億元(這時候我們稱作賺了一

個股本），原神達電腦時的EPS為5元，而神達控股的EPS就變成了10元。對於原股東來說，神達控股在數字上EPS增加了一倍，不過原股東是用少了一半的股票做為抵減，然而，對於新股東來說，在投資報酬上與原股東大不相同。

光是這樣，神達這家公司仍無法讓投資人產生興趣，不過若注意這家公司的轉投資，我們看到神達電腦的102年第2季合併損益表，本業虧損4億元，有關權益法的業外收入4.15億元，半年每股盈餘為0.03，全部是靠業外賺回來的（圖5-3-2）。

圖5-3-2 神達電腦102年第2季綜合損益表

單位：新台幣千元

項目		附註	102 年 4 月 1 日 至 6 月 30 日 金 額	%	101 年 4 月 1 日 至 6 月 30 日 金 額	%	102 年 1 月 1 日 至 6 月 30 日 金 額	%
4000	營業收入	六(二十一)及七	$ 9,927,781	100	$ 11,575,430	100	$ 18,205,153	100
5000	營業成本	六(七)及七	(8,520,775)	(85)	(9,955,557)	(86)	(15,691,174)	(86)
5900	營業毛利		1,407,006	15	1,619,873	14	2,513,979	14
	營業費用	六(二十五)(二十六)						
6100	推銷費用		(478,758)	(5)	(574,882)	(5)	(935,927)	(5)
6200	管理費用		(341,947)	(3)	(363,241)	(3)	(677,065)	(4)
6300	研究發展費用		(655,952)	(7)	(667,412)	(6)	(1,301,707)	(7)
6000	營業費用合計		(1,476,657)	(15)	(1,605,535)	(14)	(2,914,699)	(16)
6900	營業利益(損失)		(69,651)	-	14,338	-	(400,720)	(2)
	營業外收入及支出							
7010	其他收入	六(二十二)	97,415	1	90,388	1	148,430	1
7020	其他利益及損失	六(二十三)	(30,521)	-	(6,674)	-	(20,770)	-
7050	財務成本	六(二十四)	(5,428)	-	(36,894)	-	(11,585)	-
7060	採用權益法之關聯企業及合資損益之份額	六(八)	259,524	2	333,319	3	415,203	2
7000	營業外收入及支出合計		320,990	3	380,139	3	531,278	3
7900	稅前淨利		251,339	3	394,477	3	130,558	1
7950	所得稅費用	六(二十七)	(58,555)	(1)	(56,471)	-	(87,797)	(1)
8200	本期淨利		$ 192,784	2	$ 338,006	3	$ 42,761	-

資料來源：公開資訊觀測站

這時候讀者會跳進結論，認為這是一家「不務正業」的公司，認為這家公司財報透明度不高，然後就把財務報表晾到一邊，這其實是不求甚解。

　　接著我們必須去研究它的轉投資內容，根據102年第2季財務報告書裡面的權益法的轉投資內容，金額最大的是新聚思（Synnex Corp.）共64億元，其次是神基科技41億元，第三是富驊企業2.8億元。再來往下閱讀（圖5-3-3），我們看到神達控股持有15.73%的新聚思，而光前2季就貢獻了3.08億元（19.56億元×15.73%）的業外收入，占了四分之三強的業外收入，貢獻EPS 0.4元。然後我們把其他兩家的獲利算一算，神基貢獻0.46億元，富驊僅貢獻0.04億元。賓果！這時候我們就抓到神達控股的獲利引擎了，原來主要是一家在美國納斯達克上市掛牌的海外公司。

圖5-3-3 神達集團主要關聯企業之財務資訊

單位：新台幣千元

2. 本集團主要關聯企業之彙總性財務資訊如下：

	資產	負債	收入	損益	持股比例
102年6月30日					
神基科技（股）公司	$ 22,370,849	$ 9,388,219	$ 7,384,989	$ 142,253	32.71%
富驊企業（股）公司	1,821,797	392,056	774,866	16,301	25.24%
Synnex Corp.	86,375,556	45,625,080	149,881,192	1,956,062	15.73%
其他	4,717,523	1,473,702	833,240	138,436	
	$115,285,725	$56,879,057	$158,874,287	$ 2,253,052	

資料來源：公開資訊觀測站，102年第2季合併財務報表

　　既然是美國上市公司，我們就可以去國外網站來研究一下這家公司的內容與財務資訊（圖5-3-4）。我們見到，新聚思股價

上漲到每股60美元之上，市值約22億美元，其換算可處分之股權市值達新台幣107億元，亦即對神基控股來說，新聚思獲利靠權益法認列，可以增加公司業外獲利，如果嫌不夠還可以賣股獲得一些資本利得的利潤，是這家公司獲利增強的兩支箭。

圖 5-3-4 新聚思股價與獲利資訊

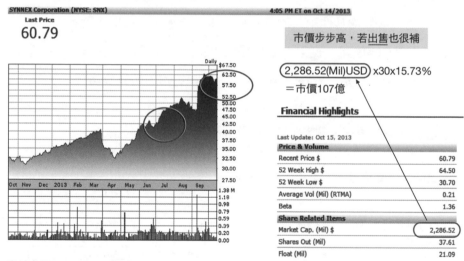

資料來源：SYNNEX網站

你可能會擔心，美國上市公司的財報資訊會不會不好蒐集？其實，其「時間差」反而對台灣人有利。首先我們看到新聚思美國的財報，2011年獲利1.5億美元，2012年獲利1.51億美元，表現穩健，若推算回神達控股，每年可得到EPS 1元的業外淨利。

而美國新聚思會計季年度與台灣不同，新聚思的第 3 季是 6 到 8 月，也就是說新聚思第 3 季季報公布 10 月 8 日時，你已經先知道新聚思獲利 4.6 千萬美元，第 3 季可以回饋給神達控股新台幣 2.2 億元，約占 EPS 0.3 元（圖 5-3-5）。這時候你可以掐指一算，前半年賺 EPS 0.4 元，第 3 季賺 EPS 0.3 元，第 4 季如果跟往年差不多，未來每年貢獻個 EPS 1 元沒有問題。

圖 5-3-5 **新聚思為神達控股之貢獻額**

註：神達控股 102 年第 3 季季報期間，將為 9 月 12 日（設立日）至 9 月 30 日。本圖係以 102 年資料，
　　讓讀者了解，未來如何估算新聚思對神達控股之貢獻額。

資料來源：SYNNEX 網站

這時候你就需要緊盯新聚思在美國的價格，只要股價持續上揚，有可能是預期今年獲利較去年轉強，縱使獲利持平。股價上漲愈多，對於神基控股還有貢獻轉投資處分的可能性。萬一第 4

季本業業績上升，沒有虧損或是虧損減少，海外的獲利貢獻持平，這時候股價表現就會很熱鬧了。

　　只是你必須了解，這不是天長地久的長期投資，而是依靠基本面分析，領先市場預期到可能發生的利多，而進行投機交易，然後你見到法人進場拉抬股價的時候，就不會感到意外，而且還搶先了一步。當然，最好的投機就是見到這些利多在媒體上實現的時候，就加減下車吧！

非典型中國概念成長股

　　潤泰新（9945）是0050成分股之一，股本117.94億元。由於它是中國大潤發的母公司，所以市場上一般認為他是中國通路概念股。這家公司自2005年以來，每年發放平均1.38元的現金股利，平均股利發放率為96.9%（圖5-3-6），是個對外部股東算

圖 5-3-6 潤泰新 2005 年以來獲利與配股資料

股利政策

年月	2005	2006	2007	2008	2009	2010	2011	2012
EPS	0.39	2.1	1.54	0.85	0.68	1.39	3.44	3.46
現金股利	0.8	1.9	1.3	0.4	0.95	1	1.8	2.91
股票股利								0
合　計	0.8	1.9	1.3	0.4	0.95	1	1.8	2.91
股利發放率	205.13%	90.48%	84.42%	47.06%	139.71%	71.94%	52.33%	84.10%
扣抵稅額比率				12.38%	12.15%	4.77%	1.29%	1.16

資料來源：CMoney 理財寶「會計師教你用財報挑好股」

得上有誠意的公司。

　　分析一家公司時，我都會先思考這家公司的獲利來源。我們先看102年第2季綜合損益表，潤泰新第2季單季來自權益法利益高達14.78億元（圖5-3-7），幾乎所有淨利都來自於權益法利益，採用權益法之投資、非控制權益占總資產比率分別為29％、5％（表5-3-2），而且近幾季自由現金流量為負數，這時多數人會憂慮這是一家透明度不高的公司。且慢，透明度與投資風險是要先全面研究過後才可以下定論的。

圖 5-3-7　潤泰新102年第2季綜合損益表

單位：新台幣千元

項目		附註	102 年 4 月 1 日 至 6 月 30 日		101 年 4 月 1 日 至 6 月 30 日		102 年 1 月 1 日 至 6 月 30 日		101 年 1 月 1 日 至 6 月 30 日	
			金　額	%	金　額	%	金　額	%	金　額	%
4000	營業收入	六(二十七)及七	$3,669,592	100	$2,892,408	100	$7,209,053	100	$6,123,340	100
5000	營業成本	六(四)(二十二)(二十八)(三十二)(三十三)及七	(3,106,959)	(85)	(2,385,091)	(82)	(6,048,898)	(84)	(5,098,478)	(83)
5900	營業毛利		562,633	15	507,317	18	1,160,155	16	1,024,862	17
	營業費用	六(二十二)(三十二)(三十三)及七								
6100	推銷費用		(247,797)	(7)	(299,265)	(10)	(471,122)	(7)	(549,082)	(9)
6200	管理費用		(156,691)	(4)	(184,924)	(6)	(363,185)	(5)	(375,044)	(6)
6300	研究發展費用		(13,582)	-	(11,791)	(1)	(26,348)	-	(21,569)	(1)
6000	營業費用合計		(418,070)	(11)	(495,980)	(17)	(860,655)	(12)	(945,695)	(16)
6900	營業利益		144,563	4	11,337	1	299,500	4	79,167	1
	營業外收入及支出									
7010	其他收入	六(二十九)	51,537	2	45,764	2	67,818	1	74,168	1
7020	其他利益及損失	六(二)(十四)(三十)	(5,030)	-	804	-	(11,443)	-	5,954	-
7050	財務成本	六(三十一)	(97,190)	(3)	51,131	(2)	192,834	(3)	102,089	(1)
7060	採用權益法之關聯企業及合資損益之份額	六(十)	1,477,592	40	959,713	33	2,410,053	34	1,455,251	24
7000	營業外收入及支出合計		1,426,909	39	955,150	33	2,273,594	32	1,433,284	24
7900	稅前淨利		1,571,472	43	966,487	34	2,573,094	36	1,512,451	25

資料來源：公開資訊觀測站

表5-3-2 案例企業的採用權益法之投資、非控制權益情況

單位：新台幣千元

財報資訊	採用權益法之投資		非控制權益	
	金額	%	金額	%
合併資產負債表	15,011,845	29	2,585,588	5

民國102年6月30日潤泰新（9945）財報資訊

這時候趕快看一下財務附註中的權益法上半年獲利來源24.1億元，到底有哪些內容（圖5-3-8）。我們見到潤泰新轉投資收益來源來自於潤泰全球（2915，以下簡稱潤泰全）2.16億元、潤成控股16.69億元、Concord＋Sinopac（中國大潤發）5.4億元。

圖5-3-8 潤泰新102年第2季採用權益法之關聯企業及合資損益之份額

單位：新台幣千元

	102年1至6月	101年1至6月
興業	($ 12,246)	($ 3,374)
潤泰全球	216,051	134,143
景鴻	(63)	(161)
日友環保	35,899	13,261
潤成投控	1,668,978	886,824
全球一動	(38,998)	(29,867)
Concord	416,361	349,572
Sinopac	124,071	104,853
	$ 2,410,053	$ 1,455,251

資料來源：公開資訊觀測站

這家建設與通路公司，居然主要獲利來源來自於潤成控股，
而潤成控股是南山人壽的主要股東。若以獲利來源來看，這家公
司根本就是一家壽險公司，副業才是建設與通路。再來我們想要
確認的就是，潤泰新獲利的三支箭，到底我們能不能掌握其財務
數字？首先是先確認持股比例（圖5-3-9），根據第2季財務報告

圖5-3-9 潤泰新102年第2季採用權益法之投資

單位：新台幣千元

（十）採用權益法之投資

1.採權益法之投資明細如下：

關聯企業名稱	102年6月30日	
	持股比	帳面金額
興業建設股份有限公司（興業）	45.45%	$ 478,135
潤泰全球股份有限公司（潤泰全球）	11.34%	1,524,800
景鴻投資股份有限公司（景鴻）	30.00%	931,849
日友環保科技股份有限公司（日友環保）	30.35%	403,526
潤成投資控股股份有限公司（潤成投控）	25.00%	4,788,027
全球一動股份有限公司（全球一動）	9.57%	127,826
Concord Greater China Ltd.(Concord)	25.46%	4,679,753
Sinopac Global Investment Ltd.(Sinopac)	49.06%	2,077,929
		$15,011,845

資料來源：公開資訊觀測站

書，潤泰新對潤泰全、潤成控股、Concord、Sinopac 持股比例分別為11.34%、25%、25.46%與49.06%，這時候我們只要能掌握這四家的稅後淨利，就可以推估潤泰新的獲利概況。

因此我們把這幾家公司與潤泰新關係表整理成關係圖（圖5-3-10）。南山人壽第2季獲利72.56億元，潤成控股持有97.5%，可以認列70.75億元的獲利，再扣掉潤成控股自己的費

圖5-3-10 南山人壽對潤泰新獲利之影響分析

單位：新台幣

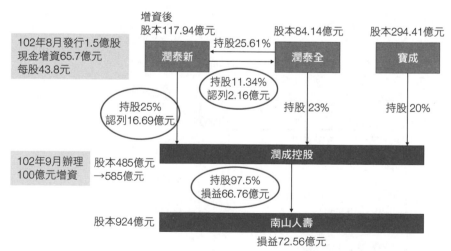

資料整理：羅澤鈺

用、利息支出，所以要回饋給三個大股東總額66.76億元的利益。其中潤泰新占有25%持股，認列16.69億元，再從潤泰全交叉持股回饋給潤泰新。這裡要來一點數學遊戲（已省略了扣除潤成控股的費用、交叉持股等嚴謹的會計推算），就潤泰新的部分，南山人壽每賺1元，就要認列0.24元（25%×97.5%=24%）的利益。由於潤泰全的獲利也主要來自潤成控股，假設潤泰全本業沒有太多變化的話，而我們可以再推估，透過潤泰全可以回來的利益是0.025元（23%×97.5%×11.34%）的利益。所以，南山人壽每賺得1元，潤泰新估計可以認列0.265元的利益。加上南山人壽由於是壽險公司，你可以在公司財務資訊當中得到南山人壽每季的獲利概況，媒體更是每月會公布南山人壽的自結報表。

接下來就是中國大潤發的影響，由於潤泰新是透過Concord、Sinopac二家公司持有在香港註冊的高鑫零售（SUN ART Retail Group Limited），再由高鑫零售持有中國大潤發、歐尚。我們主要是注意中國消費市場的相關數字，概略知道消費者信心指數的趨勢，來判別對於獲利是有利還是不利的方向；也可以利用高鑫零售財務報表當中的「淨利歸屬於母公司」乘上7.2%（依持股比例推估的經驗值），來估算潤泰新可以認列的轉投資收益。以102年上半年為例，即可以用高鑫零售財報中的「淨利歸屬於母公司」15.76億RMB來作計算，估算出潤泰

新可以認列Concord、Sinopac二家公司的轉投資收益5.45億元
（15.76億RMB×7.2%×4.8＝5.45億元），與圖5-3-8中實際認列
合計數5.4億元相差不多。

最後就是在IFRSs制度之下，營建業獲利採完工交屋時認列
收益，所以再檢查潤泰新是否本業有未來完工的建案效益。我們
透過潤泰新102年增資公開說明書得知（圖5-3-11），其累計工
程進度中完成度最高的是「松濤苑」，只要這個建案完工交屋，
本業又可以認列一筆利益，雖然不知道確定時間點，也不知道確

圖5-3-11 潤泰新102年增資公開說明書

未來建案效益

建案之預計效益

單位：新台幣千元

工案名稱	開工日期	完工日期	累計工程進度	估計工程總成本	預計可售總額	預計毛利	估計毛利率	銷售率（註1）
「萬花園」案	101.06	103.12.	21%	1,960,546	3,456,651	1,496,105	43%	100%
「松濤苑」案	100.11	102.07	65%	3,713,030	10,774,480	7,061,450	66%	0%
「內湖」案	100.09	103.03	34%	3,914,574	5,356,518	1,441,944	27%	0%
合計				9,588,150	19,587,649	9,999,499	51%	

註1：銷售率計算截至102年4月底

註2：內湖案之可售總額與個案毛利，待與捷運局權益分配中，尚未定案。

資料來源：公開資訊觀測站

實獲利金額，但也可以用預估毛利總額70.6億元來推估，假設淨利只有8成而銷售只有6成，可貢獻33.9億元，該項建案的完工利益有EPS 3元可以認列，到時候一定也是媒體寵愛的標的。

因此，投資人只要南山人壽獲利加溫，加上中國消費者信心指數沒有大幅下跌，最後再注意「松濤苑」案利益何時認列，就可以概括得知潤泰新的獲利方向。在這些消息都還沒上報之前，你若分批買進，持續關注這些消息，等到法人進場拉抬，你就可以等著那些利多實現之後，再把持股賣出，賺取波段投機利潤。

這時候我都會想起，知名財經作家兼投資家，獵豹財務長郭恭克先生說過的：「我賣出持股若有賺錢，我們對金融市場充滿感恩，也祝福那些買股票的人也可以獲利賺錢。」

沒有完美的投資策略，只有適合自己的

以前古人說：「書中自有黃金屋。」現在這個時代是：「財務報表中自有黃金股。」先前介紹的選股與財務分析，重點在於仔細尋找公司獲利的來源，不管來自母公司還是子公司，不管是本業還是業外，只要能夠掌握夠多的訊息，從質從量方面都可以計算公司獲利的可能性，這樣對我來說就是進一步提高了投資上的透明度。也因為這種方式，大多數的散戶、菜籃族甚或是初入門

的法人，都不見得會這樣推敲與思考，所以每當我找到這樣可以「摸牌」的投資機會，都會試著透過自己的分析與推估進場交易。

金融市場有句古諺：「玩你看得懂的行情。」每個人有自己的優勢與想法，因此不同投資人有不同的投資屬性，這就是金融市場的多樣性，也為金融市場帶來流動性。你根本不必拘泥於找到最完美的投資策略，而是要找到適合自己的投資策略。

我遇過很多法人離開職場以後，還是迷戀於買在最低、賣在最高，對於財務數字的預測也要求到百分之百的精確，所有的產業消息都想要找內部人士來掌握，這其實是一種職業病，但他們卻沒有自覺。其實他們離開了那個圈子，沒有來自公司派的產業消息，沒有來自於自己公司研究團隊的奧援，他們獨自一人想要單打獨鬥，是折了翼的孤鷹，是斷了牙的猛虎。若不能學會利用已公開的資訊交易，進行獨立深入的分析與思考，他們離開職場後，想要成為專業投資人，因為帶著錯誤的習慣，反而需要先繞一大段路的時間來學習與調適。

投資的邏輯與分析的確要非常嚴謹，而且在進場建立部位之前，就需要先大量花時間努力做功課，但不是要求到每一件事都完美無瑕。不論哪一種分析方式，都有其不確定性，不可能百分之百準確預測。你能掌握愈多的資訊，經過推演，你通常就敢在愈低點的時候買進，有些一般人認為不透明的公司，也可以在你

推敲追蹤之後提升透明度，因此你比別人更願意持有。

　　縱使努力可以增加勝算，投資之時對於金融市場還是要保持謙遜的態度，控管資金部位，執行停損紀律。金融市場沒有不可能的事情，你看得懂的東西，也可能是別人刻意做給你看的。

　　回到原點，我們更在意的是公司經營者的誠信，我由衷希望他們能更專注本業，而不是經常上報紙上媒體經常發言占據版面，或是玩弄財務數字膨脹獲利，這樣才是對投資人與股東最大的利益。

新商業周刊叢書 BW0526X

圖解新制財報選好股《暢銷增訂版》

（附：《會計師選股6大指標及37檔口袋名單》別冊）

國家圖書館出版品預行編目（CIP）資料

圖解新制財報選好股《暢銷增訂版》／
羅澤鈺著；初版 .-- 臺北市：商周出版：
城邦文化發行，2015.08
面； 公分
ISBN 978-986-272-848-2（平裝）

1.財務報表 2.股票投資

495.47 104012706

作　　　　者／羅澤鈺
文　字　整　理／游子瑩、黃紹博
企　劃　選　書／陳美靜
責　任　編　輯／簡翊茹
版　　　　權／黃淑敏、翁靜如
行　銷　業　務／莊英傑、張倚禎、石一志

總　　編　　輯／陳美靜
總　　經　　理／彭之琬
事業群總經理／黃淑貞
發　　行　　人／何飛鵬
法　律　顧　問／台英國際商務法律事務所　羅明通律師

出　　　　版／商周出版
　　　　　　　臺北市104民生東路二段141號9樓
　　　　　　　電話：(02)2500-7008　傳真：(02)2500-7759
　　　　　　　E-mail：bwp.service@cite.com.tw
發　　　　行／英屬蓋曼群島商家庭傳媒股份有限公司　城邦分公司
　　　　　　　臺北市104民生東路二段141號2樓
　　　　　　　讀者服務專線：0800-020-299　24小時傳真服務：(02)2517-0999
　　　　　　　讀者服務信箱E-mail：cs@cite.com.tw
　　　　　　　劃撥帳號：19833503　戶名：英屬蓋曼群島商家庭傳媒股份有限公司城邦分公司
訂　購　服　務／書虫股份有限公司客服專線：(02)2500-7718；2500-7719
　　　　　　　服務時間：週一至週五上午09:30-12:00；下午13:30-17:00
　　　　　　　24小時傳真專線：(02)2500-1990；2500-1991
　　　　　　　劃撥帳號：19863813　戶名：書虫股份有限公司
　　　　　　　E-mail：service@readingclub.com.tw
香港發行所／城邦（香港）出版集團有限公司
　　　　　　　香港灣仔駱克道193號東超商業中心1樓
　　　　　　　E-mail:hkcite@biznetvigator.com
　　　　　　　電話：(852) 2508-6231　傳真：(852) 2578-9337
馬新發行所／城邦（馬新）出版集團
　　　　　　　Cite (M) Sdn. Bhd. (45837ZU)
　　　　　　　41, Jalan Radin Anum, Bandar Baru Sri Petaling, 57000 Kuala Lumpur, Malaysia.
　　　　　　　電話：(603) 9057-8822　傳真：(603) 9057-6622　E-mail：cite@cite.com.my

內　文　排　版／李秀菊
印　　　　刷／鴻霖印刷傳媒股份有限公司
總　　經　　銷／聯合發行股份有限公司　　　地址：新北市231新店區寶橋路235巷6弄6號2樓
　　　　　　　電話：(02) 2917-802　　　傳真：(02) 2911-0053

■ 2013年11月28日初版1刷
■ 2019年8月30日修訂初版6刷

Printed in Taiwan

城邦讀書花園
www.cite.com.tw

定價350元　　　　　版權所有・翻印必究
ISBN 978-986-272-848-2

財報「全方位儀表板」

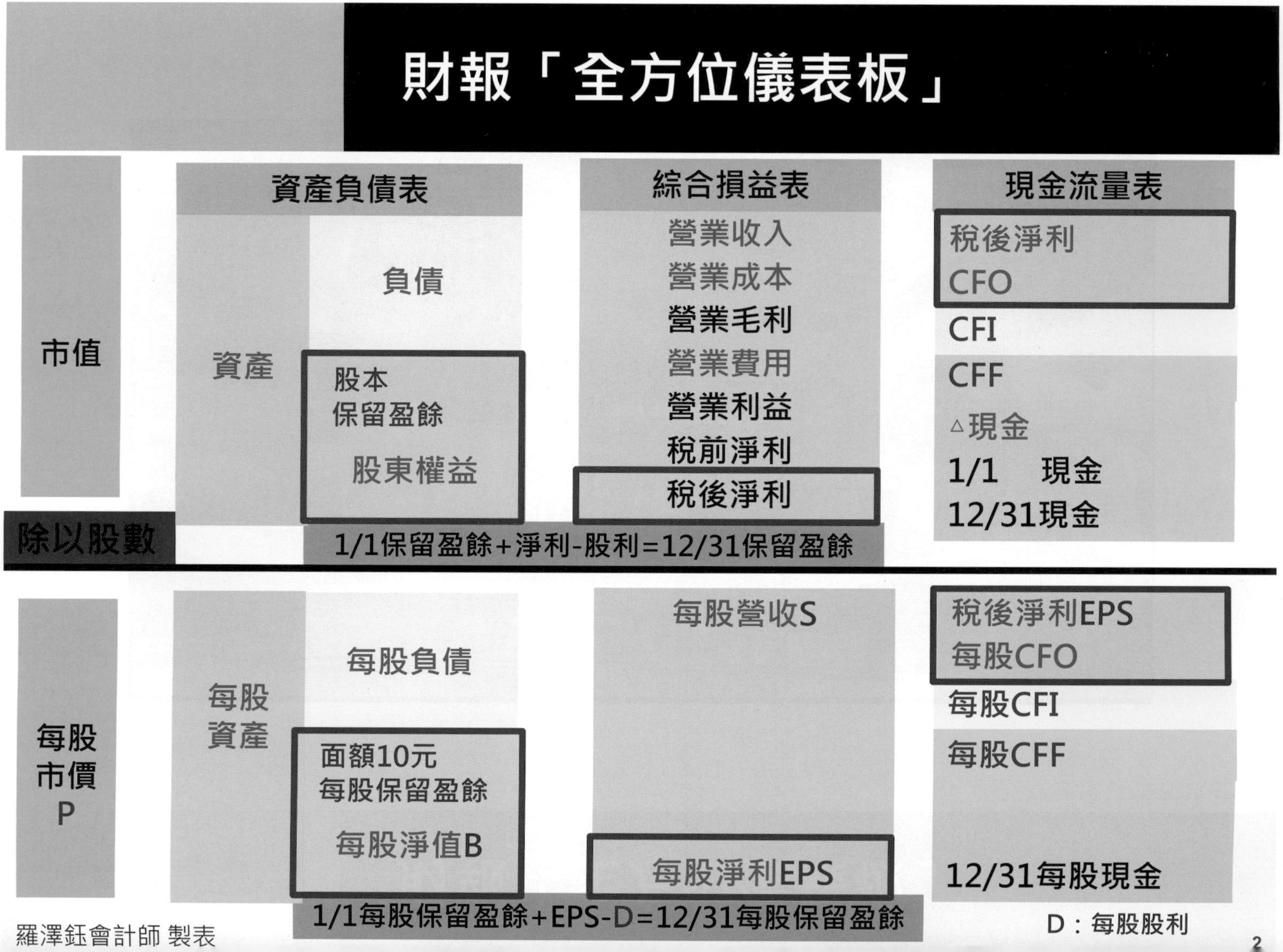
財報「全方位儀表板」
市值
資產負債表
資產
負債
股本
保留盈餘
股東權益
綜合損益表
營業收入
營業成本
營業毛利
營業費用
營業利益
稅前淨利
稅後淨利
現金流量表
稅後淨利
CFO
CFI
CFF
△現金
1/1　現金
12/31現金
除以股數
1/1保留盈餘+淨利-股利=12/31保留盈餘
每股市價P
每股資產
每股負債
面額10元
每股保留盈餘
每股淨值B
每股營收S
每股淨利EPS
稅後淨利EPS
每股CFO
每股CFI
每股CFF
12/31每股現金
1/1每股保留盈餘+EPS-D=12/31每股保留盈餘
D：每股股利
羅澤鈺會計師 製表
2

財報「全方位儀表板」－上半部

羅澤鈺會計師 製表

上半部重點：金額

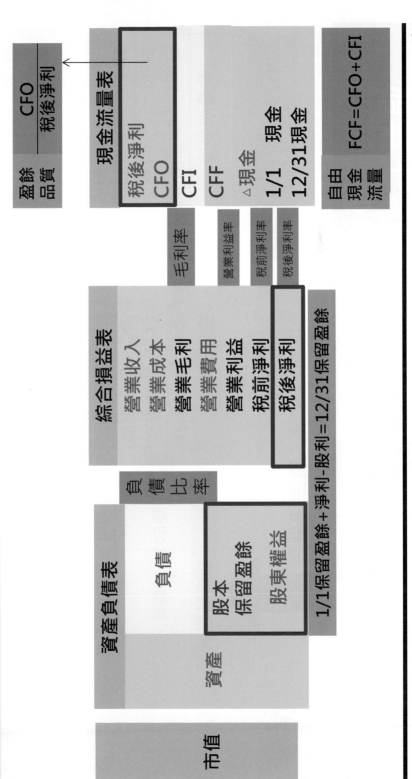

財報「全方位儀表板」– 上半部
大立光103合併年報實例

羅澤鈺會計師 製表

分析的起點：股本13億元

資產負債表

資產
611億

負債　149億

股本　　　13億
保留盈餘 429億
股東權益 462億

市值
4,559億

綜合損益表		
營業收入	458億	100%
營業成本	213億	
營業毛利	245億	54%
營業費用	34億	
營業利益	211億	46%
稅前淨利	230億	50%
稅後淨利	194億	42%

24%

76%

1/1保留盈餘　　　 273億
+淨利　　　　　　 194億
-股利　　　　　　 (38億)
=12/31保留盈餘　 429億

盈餘
品質

$$\frac{CFO}{稅後淨利} = 1.02$$

現金流量表	
稅後淨利	194億
CFO	197億
CFI	(54億)
CFF	(37億)
△現金	106億
1/1　現金	135億
12/31現金	241億

自由
現金　　CFO+CFI　=143億
流量

註：保留盈餘含
(1)法定盈餘公積
(2)未分配盈餘

4

財報「全方位儀表板」- 上半部
大立光103合併年報實例

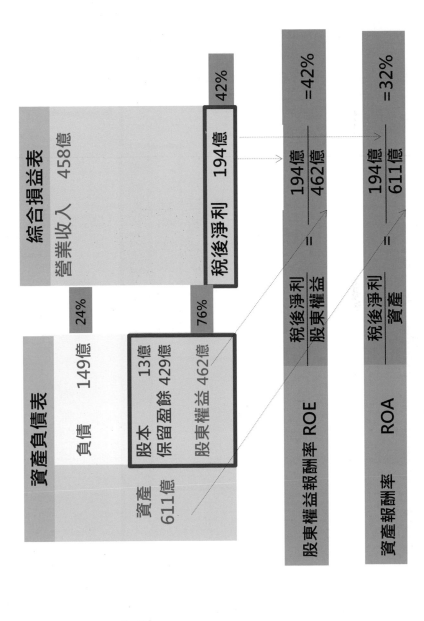

資產負債表

負債　149億　　24%

資產
611億

股本　13億
保留盈餘 429億

股東權益 462億　　76%

綜合損益表

營業收入　458億

稅後淨利　194億　　42%

股東權益報酬率 ROE

$$\frac{稅後淨利}{股東權益} = \frac{194億}{462億} = 42\%$$

資產報酬率 ROA

$$\frac{稅後淨利}{資產} = \frac{194億}{611億} = 32\%$$

羅澤鈺會計師 製表

財報「全方位儀表板」

現金流量表

稅後淨利
CFO
CFI
CFF
△現金
1/1　現金
12/31現金

綜合損益表

營業收入
營業成本
營業毛利
營業費用
營業利益
稅前淨利
稅後淨利

資產負債表

資產

負債

股本
保留盈餘
股東權益

市值

1/1保留盈餘+淨利-股利=12/31保留盈餘

除以股數

稅後淨利EPS
每股CFO
每股CFI
每股CFF

12/31每股現金

D：每股股利

每股營收S

每股淨利EPS

每股負債
面額10元
每股保留盈餘
每股淨值B

每股資產

每股市價P

1/1每股保留盈餘+EPS-D=12/31每股保留盈餘

財報「全方位儀表板」大立光103合併年報實例

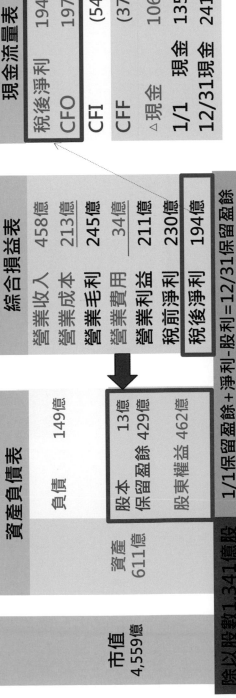

現金流量表

稅後淨利	194億
CFO	197億
CFI	(54億)
CFF	(37億)
△現金	106億
1/1 現金	135億
12/31現金	241億

綜合損益表

營業收入	458億
營業成本	213億
營業毛利	245億
營業費用	34億
營業利益	211億
稅前淨利	230億
稅後淨利	194億

資產負債表

負債	149億
資產	611億
股本	13億
保留盈餘	429億
股東權益	462億

市值 4,559億

1/1保留盈餘＋淨利－股利＝12/31保留盈餘

除以股數1.341億股

EPS 145元
每股CFO 147元
每股CFI (40元)
每股CFF (28元)
△現金 79元
1/1 現金 101元
12/31現金 180元

每股營收S＝342元

EPS ＝ 145元

每股負債111元

面額	10元
保留盈餘	320元
每股淨值B	344元

每股資產 455元

P＝ 3,400元

1/1每股保留盈餘＋EPS－D＝12/31每股保留盈餘

羅澤鈺會計師 製表
註：104/7/15收盤價

財報「全方位儀表板」-下半部
大立光103合併年報實例

除以股數1.341億股

EPS	145元
每股CFO	147元
每股CFI	(40元)
每股CFF	(28元)
△現金	79元
1/1 現金	101元
12/31現金	180元

每股自由現金流量FCF
=CFO+CFI
=147元-40元
=107元

每股營收S=342元

EPS = 145元

P=
3,400元

每股資產455元

每股負債 111元

面額 10元
保留盈餘320元

每股淨值B 344元

1/1每股保留盈餘 　203元
+EPS 　　　　　　　145元
-每股股利D 　　　(28元)
=12/31每股保留盈餘 320元

註：104/7/15收盤價

羅澤鈺會計師 製表

財報「全方位位儀表板」－下半部
大立光103合併年報實例

除以股數1.341億股

P=
3,400元

每股
資產
455元

每股負債 111元

面額　　10元
保留盈餘320元

每股淨值B 344元

每股營收S=342元

EPS = 145元

EPS	145元
每股CFO	147元
每股CFI	(40元)
每股CFF	(28元)
△現金	79元
1/1　現金	101元
12/31現金	180元

股價淨值比 (P/B)

$$\frac{每股市價P}{每股淨值B} = \frac{3,400元}{344元} = 9.9$$

本益比　(P/E)

$$\frac{每股市價P}{每股淨利EPS} = \frac{3,400元}{145元} = 23$$

註：104/7/15收盤價

羅澤鈺會計師 製表

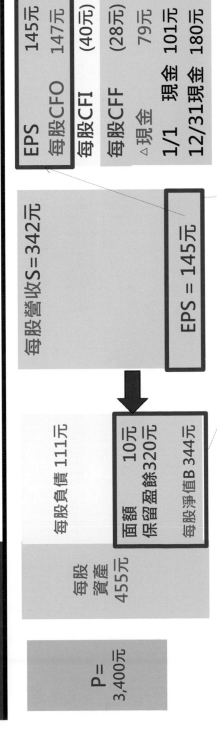

P/E、P/B、ROE綜合使用

明日之星（Rising Star）	落水狗(Dogs)
高P/E	低P/E
高P/B	低P/B
高ROE	低ROE
預期未來有成長性	成長性不佳，甚至於衰退
Which are expected to grow quickly and enjoy high ROEs during the growth period and/or after the growth occurs	which have little prospect for either growth or high ROEs

羅澤�會計師 製表

財報「全方位儀表板」
大立光103合併年報實例

現金流量表

稅後淨利	194億
CFO	197億
CFI	(54億)
CFF	(37億)
△現金	106億
1/1 現金	135億
12/31現金	241億

自由現金流量＝143億

54%　46%　50%　42%

綜合損益表

營業收入	458億
營業成本	213億
營業毛利	245億
營業費用	34億
營業利益	211億
稅前淨利	230億
稅後淨利	194億

24%　76%

273億+194億-38億＝429億

資產負債表

資產 611億	負債 149億
	股本 13億
	保留盈餘 429億
	股東權益 462億

市值 4,559億

除以股數1.341億股

EPS

EPS	145元
每股CFO	147元
每股CFI	(40元)
每股CFF	(28元)
△現金	79元
1/1 現金	101元
12/31現金	180元

每股自由現金流量＝107元

42%

每股營收S＝342元

EPS ＝ 145元

203元+EPS145元-D28元＝320元

每股資產 455元	每股負債 111元
	面額 10元
	保留盈餘 320元
	每股淨值B 344元

P＝ 3,400元

羅澤鈺會計師 製表

註：104/7/15收盤價

財報「全方位儀表板」勝華103年Q3合併報表實例

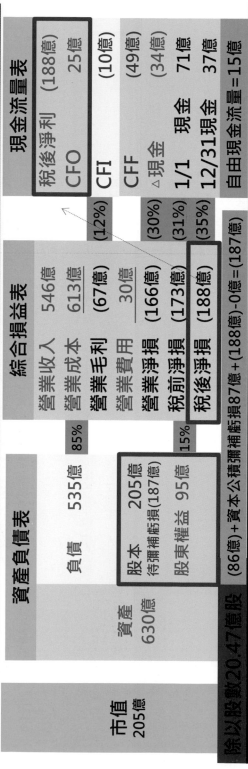

現金流量表

稅後淨利	(188億)
CFO	25億
CFI	(10億)
CFF	49億
△現金	(34億)
1/1 現金	71億
12/31現金	37億

自由現金流量＝15億

綜合損益表

營業收入	546億
營業成本	613億
營業毛利	(67億)
營業費用	30億
營業淨損	(166億) (30%)
稅前淨損	(173億) (31%)
稅後淨損	(188億) (35%)

(12%)

(86億)＋資本公積彌補損87億＋(188億)-0億＝(187億)

資產負債表

資產 630億	負債 535億
	85%
	股本 205億 待彌補虧損(187億)
	股東權益 95億
	15%

除以股數20.47億股

市值 205億

EPS (9元)
每股CFO 1元
每股CFI (1元)
每股CFF 2元
△現金 (2元)
1/1 現金 3元
12/31現金 1元

每股自由現金流量＝0元

每股營收S＝27元

EPS ＝(9元) (35%)

(4元)＋資本公積彌補損4元＋EPS(9元)-D0元＝(9元)

每股負債26元

面額	10元
待彌補虧損	(9元)
每股淨值B	5元

每股資產 31元

P＝10元

羅澤鈺會計師 製表

註：市價以10元計算

每股自由現金流量＝0元

每日處理十萬筆報修，3分27秒搞定大小事

"
專業分工讓專注本業
提升競爭力才是服務關鍵
"

第一章
尋找投資標的的第一階段：
電腦選股

　　一方面是為了財報的教學，一方面也是我自己私下的樂趣，我經常透過電腦的選股工具來幫我篩選一些「有趣」的股票。基本面選股，有時候被人誤以為「電腦也可以選土豆」，只要設定好某些神祕的參數，經過電腦運作，就能夠得到一份神奇的魔法名單，讓任何人都可以在股海淘金。如果有人真的發明出這樣的神奇系統，麻煩請跟我連絡。

　　事實上，那完全是對於電腦選股的癡迷妄想，只有不懂的人才會講出那樣過於天真浪漫的故事。如果你問

我，「既然不能選出飆股，那為什麼你還是經常電腦選股呢？」我會這樣做的原因很簡單，因為——人的時間有限。面對台灣約莫一千五百餘檔的投資標的，沒有人可以在一千五百檔股票當中瞄個一眼，就可以信手拈來，悟出一套投資大道理，還能立刻為股價變化隔空抓藥，那實在是算命師的工作，並不是我們這種觀察財報的基本面投資者。

弱水三千，只取一瓢飲

利用電腦選股，並不是幫我們立即找出投資標的，相反地，是讓我們透過適當的財務數字，先初步剔除許多完全沒有興趣的標的。不論是選用了哪幾個指標，或是設定了什麼樣的參數，其最重要的目的在於簡化我們的工作，降低我們的時間負擔。沒有一個人有能力在進行個人理財的時候，能夠全天候、全時段，而且是全市場的撒網研究，那不是貪心，而是在做夢。

　　這也是我想要在別冊當中，跟讀者強調的地方。當我們對於財報數字與分析有一定程度的了解與認識，你大致上就過了入門的階段，而開始成為進階的投資人。當你懂得觀察個別公司的財務報表，開始好奇其他公司表現如何時，電腦選股工具就可以幫助我們設定一套自己的觀察清單，不論是白名單還是黑名單，它都不同於報章媒體的熱門股，或是口耳相傳的股海明牌。

　　就好比我們開始成為會「開規格」的消費者，你可能進了一家電子3C商店，一開口就跟店員說：「我要一台八核心處理器、具有獨立顯示晶片、8GB記憶體、512GB固態硬碟的17吋筆記型電腦。」店員聽了就挑出不同品牌和型號的產品，你開始試用，然後比較價格。當你有「開規格」的能力時，表示你也足夠了解產品相關的知識與生態，你不需要花時間在店舖內瀏覽琳琅滿目的其他商品而猶豫不決，而能更快更迅速的找到自己需要的產品。

　　電腦選股對我來說只是尋找投資標的的第一階段，選出來清單以後，後面還有數個步驟，需要逐步檢驗與思考。每一家公司如何達成我們設定的條件？為什麼會有這樣的經營成果？為什麼相對於其他競爭公司有比較好看的財報成績等等。

　　人生有趣的地方就是這樣，當我使用電腦選股工具的時候，那些被剔除掉的公司當中一定有不少黑馬股、未來明星股，甚至是一些看起來根本就是輕而易舉可以賺錢的好投資，不過，你一定要有捨才會有得。若是那種想要把把都贏，沒有「弱水三千，只取一瓢飲」的胸襟，我勸你還是不要來學習電腦選股，你一定會學得很痛苦。

　　現代人的時間有限，除了投資研究以外，我們需要生活，要看電視，要吃飯，要出外郊遊，要用手機上網，我實在找不到理由來拒絕使用電腦選股的系統。在投資上，電腦選股系統，還真的是我吃飯的傢伙呢！

財報分析並非萬能，
但不懂財報卻萬萬不能

　　投資人在一頭埋入股海裡之前，多少都有聽過股市的分析方式分為總體面、基本面、籌碼面、技術面、消息面，做為不同面向投資分析的思考架構。在我認為，基本面絕對是所有投資思考的核心（如圖1-1），核心的內容就是資產負債表、綜合損益表、現金流量表、權益變動表，這四大報表做為基本面的主體，在外圍的總體面、籌碼面、技術面與消息面，則是搭配基本面的次要因素，如果沒有了基本面的要素支持，任何分析與研究都是空洞、沒有意義的。

　　當你確立了基本面是投資決策核心的時候，一切就會變得更加撥雲見日，你會開始注意股價與基本面變動的關係，你越來越容易忽略那些沒有基本面支持的價格變動；而在基本面沒有大幅改變的情況之下，你也不容易受到價格走勢變化跟多空消息刺激而緊張兮兮，你漸

圖1-1 股市分析架構

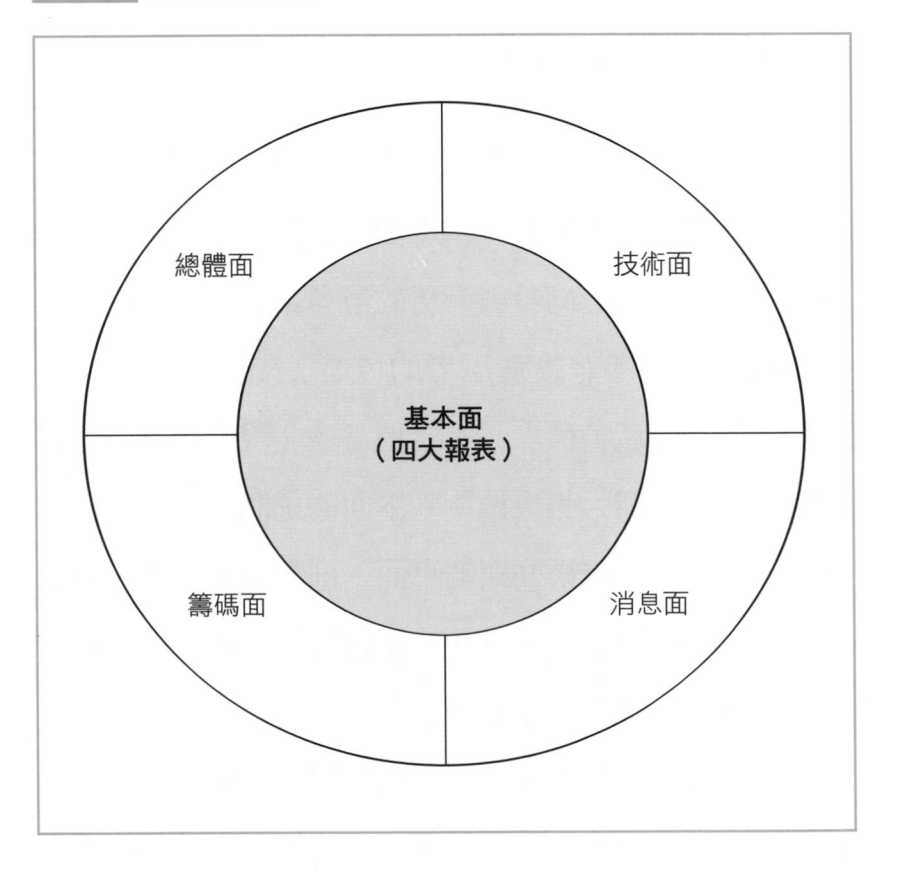

漸發現自己對於短線波動有了抵抗能力，因為一個公司的營運本質，不會因為今天股價上漲或是下跌，就出現改變。

　　許多人誤以為學會了財報分析，就等於有了倚天劍、屠龍刀，擁有在戰場上「戰無不勝，攻無不克」的超人能力。雖然我一直鼓勵散戶學習財報知識，在這邊我又要潑你一桶冷水，縱使財報分析真的是神兵利器，你惦惦自己又有多少內力可以施展絕世武功呢？

　　雖然從頭到尾都在歌頌基本面分析的好處，我仍要在此發出嚴正的警語，投資決策是一種思考的藝術，我們在投資上最大的難處，就是必須預測未來，然而，任何一個平凡人都沒有預測未來的能力。但公司營運狀況的改變終究會反應在價格上面，而基本面分析能讓我們掌握過去的營運軌跡，了解公司目前的現狀好壞，或是拿來驗證我們過去做出的推測是否正確。

　　在預測未來這件事情上面，基本面分析能夠給我們的直接幫助少之又少。因此，你不該在掌握公司關鍵數字之後，就夜郎自大、誤以為自己能夠戰勝市場，須知，步步為營才是健康的投資心態。

　　學也無涯，知也無涯，財報分析並非萬能，但不懂
財報分析卻萬萬不能！

第二章

六大指標，用財報選好股

　　當你對於基本面分析有了足夠的基礎，我們就要進入如何利用電腦來選股的篇章。如果你已經學會許多財報分析的能力，而且也具備本書提過各種IFRSs相關調整的知識，你卻不會電腦選股，那實在是令人遺憾的一件事情，就好比有人拿著最新一代的iPhone，卻連個Facebook或是FaceTime都沒有用過，不是白費了自己之前的所有學習嗎？

　　財報數字選股通常不是直接選取財務報表當中揭露的數字，而是倚重財務比率，財務比率用最簡單的比喻來說，就像是我們去購買一般商品會去比較「C/P」

值。一般我們所謂的C/P值，指的是Cost/Performance Ratio（性能除以價格），如果相同價錢能夠買到規格更高的東西，我們就會覺得划算，然後講說某某產品「CP值很高」。有許多功能相同、外觀幾乎沒有差異的標準化商品，例如DRAM、硬碟、汽油、水果，我們很容易計算它們的CP值，可惜市面上多數產品有相當程度的差異性，使得我們無法用單一標準或是特定單位來衡量產品的CP值，這時候我們就會同時考慮數個不同的變數。

例如現在人手一台的智慧型手機，當你要比較CP值時，你就會同時考慮處理器速度、記憶體容量、內存容量、螢幕解析度大小、相機解析度、外觀等等各種不同的特性。你最終就是在多個變數內去考慮最適合自己的產品，到最後就會變成「沒有所謂CP值高的商品，只有符合你的商品」，這時候要買產品要「買得好，又要買得巧」，不就變成了一種藝術了嗎？但是我相信很少有人會去認真比較產品間的差異，大家都靠感覺在

買，所以不論產品好壞，一定有人埋單，原因在於產品的差異化以及群眾不理性的消費。

買股票也是類似的道理，市場當中至少有三、五百檔你願意買的標的，如果你跟買菜一樣，憑感覺去買，就是一種不理性的消費行為，就不要奢望自己還能夠買得好又買得巧，「賺到股息，又賺價差」。而且股票裡面的財務數字，每一項都是股票自己的「規格」，你如果不先好好比較相同價錢到底買到什麼「規格」，怎麼可能做出能獲利的投資決策呢？

標準化的產品有一致的「規格」，但股票代表公司獲利的分配權，直接連結到該企業經營成果與公司本身競爭力，有的公司庫房裡面堆滿原料，有些公司只有辦公室跟專利，有些公司製造別人的產品，有些公司只提供專業服務，這些天差地遠的特性，讓每檔股票至少有上百個不同的「規格」來增加你分析的困難度。

這些高複雜的特性，都讓選股變得不是一件容易的事情。不過，讓人欣慰的是，其實你不用選到十項全

能、什麼都是第一名的公司，那些財務數字可圈可點，沒有重大缺陷的公司，只要價格合理，仍然有機會讓你在市場中獲利。

投資決策是件藝術，你現在能體會了嗎？

財報選股的條件設定

利用財報數字來選股，最便捷的就是使用公認的幾項財務比率來做為選股條件的設定，因為許多財務比率是投資業內公認的標準，它不但有學術研究的理論基礎，也具備實務經驗的臨床操作。概括講起來很簡單，但是該選用哪些指標，還有應該用什麼樣的參數，則是人人不同，也沒有絕對的標準；不同的選擇條件有不同的利弊，就好比那些熱衷技術分析的投資人，也會利用技術分析的指標來篩選有興趣操作的標的。

財報選股說來是件「內行看門道，外行連熱鬧都看不到」的事情，多數投資人因為沒有財務分析的基本概

念，隨便設定一堆條件，或是囫圇吞棗地去抄襲一些專
業人士的選股條件，不知道為什麼要這樣篩選，選出來
也不知道是什麼東西，看到了清單也不知道如何進一步
追蹤與分析。結果也不知道那個天才發明的，就說拿別
人的財務條件選擇出來的股票，可以用技術分析來操
作。你如果對一家公司基本面完全沒有概念，要如何操
作呢？你怎麼知道拉回要找買點，還是下跌要作停損，
或是盤漲應該要追買，又還是趁機要拔檔呢？

　　許多技術分析的最根本，就是「先假設」某支股票
會「上漲」或是會「下跌」，後面才衍生整套的操作邏
輯。如果沒有參透基本面這件事情，投資只會是一場又
一場的賭博，交易的靈魂永遠都找不到出口。縱使偶然
致富，在下一次投資失利之前，也不過是個短暫的運
氣。

　　下文中，我會盡量透過一些範例讓讀者知道如何設
定財務選股的條件，也能更深一層地知道為什麼這樣選
股，同時避免讀者對於財務選股有錯誤的認識。

我認為，用財報數字來選股的設定有三個基本的原則：**指標異質性、參數有效性**，以及**條件適量性**。

所謂的「指標異質性」，意思是有一些財務指標本身的意義接近，或是有直接關聯性，你如果同時使用好幾個類似的指標，就無法產生足夠的鑑別效果。例如毛利率、營業利益率、稅前淨利率、稅後淨利率，你如果一股腦同時把四個指標都拿來做篩選條件，除了條件重複以外，你還忽略了其他的觀點。簡單來講，其實財務報表就只有四大報表，指標的含意只要能橫跨四大報表或是主要的三大報表，每一張報表都選出一、兩個重要的項目當作篩選指標，原則上你就已經具備了相當的廣度。

再來就是「參數有效性」，選定了幾個橫跨四大報表的財務指標後，你要注意的就是設定財務指標的參數。所謂的參數就是你毛利率想要抓30%或20%以上，或是流動比率在200%還是250%以上。另一個參數就是篩選的期間，到底是選近四季？還是要截取3年

還是5年的財報期間？這些都會對結果產生不同的效果。除學術上的建議標準，你還要注意的是：設定越嚴格的條件，你能夠篩選出來的股票數量就會越少。相反地，如果設定的參數越寬鬆，你得到的結果就越多，徒增加自己的分析負擔。有關參數的選定我並沒有辦法給你最好的建議，因為它沒有絕對的標準，一般而言，我們會抓市場的經驗值或是學術前輩們的建議值。

最後是「條件適量性」，條件的篩選你設定越多，會越顯得你的篩選沒有特色。篩選條件的時候，我們通常會有一些核心想法，例如我們想要找到競爭力強而且成長穩定的公司，我們就會從「經營績效指標」與「中長期財務穩定」的方向來做主要的條件設定，如果你又增加了低股價淨值、低固定資產比率、低負債、研發費用比等等，就會越來越偏離你原本的設定目標，過多的條件選出來的股票反而是四不像。

所以，我認為設定篩選條件落在5到10個指標之間是最適宜的，因為財務報表就四大報表，如果你想要橫

跨四大表，至少就要4個條件，再加上幾個額外輔助條件，一定會超過5個項目。

有很多書籍或是軟體，會提供許多投資大師的設定條件，先不論那些條件是不是真的從大師所出，你會發現，原來不同的投資大師有其與眾不同的篩選條件，重點在於，他們知道自己選出來的是什麼。從那些前輩的範例，印象中我沒有看過有大師提出十幾個條件來篩選的，所以我才會從理論與經驗當中，歸納出5到10個指標的結論供讀者們參考。

財務指標條件的設定，跟技術分析的設定有多項雷同之處，技術分析也有分趨勢指標跟擺盪指標，如果各選一個，再加上價格線圖上面支撐、壓力線以及圖型上的型態，最後加上成交量，零零總總也會一次用了5個指標。接著是他們還要設定適合的參數，最後加上主觀經驗的追蹤與操作，才能夠有不錯的績效。

我拿技術分析與基本分析這兩個殊途同歸的派別來類比，希望能夠幫助那些原本對技術分析熟練的投資

人，能夠更快地跨入基本分析的領域。

會計師的好股篩選法

江湖一點訣，說破不值錢。首先，我要開誠布公我選股的一個小祕密，那就是所有挑選出來的股票，要先剔除金融股跟營建股。

本書已經討論許多，在IFRSs著重公允價值會計的精神之下，金融資產與土地資產的評價變動，以及未來企業可能發生的資產重估，都會大幅影響我們的投資預期，因此以金融資產為主的金融業，以及土地資產為主的營建業，都會增加投資人的分析難度。連我自己有時候都會看得「很費力」的財務報表，還是留給更進階的投資人來挑戰吧。

我設定了6個指標來篩選股票，分別是「5年平均毛利率大於25%」、「5年平均稅後淨利率大於10%」、「5年平均EPS大於2.5元」、「5年平均ROE大於15%」、

「5年平均現金殖利率大於5%」、「5年平均現金活水率大於0」。接下來我要來一步一步為讀者們詳解，到底這些指標有什麼意義，以及為什麼要設定這些標準（見圖2-1）。

圖2-1 會計師的選好股六大指標

輕鬆選好股六指標：

一、5年平均毛利率大於25%
二、5年平均稅後淨利率大於10%
三、5年平均EPS大於2.5元
四、5年平均ROE大於15%
五、5年平均現金殖利率大於5%
六、5年平均現金活水率大於0

指標一：5年平均毛利率大於25%

毛利率在財務分析當中是很基礎、也非常具有意義的一個獲利指標。毛利率代表一家公司或是企業在營運過程中，營收與直接成本的關係，例如一家小吃店一個

月做了10萬元的生意,初步計算小吃的材料成本約5萬元,那這家公司的毛利率就是50%。毛利率代表著企業的競爭力,同樣是賣小吃,若別人毛利率60%,而我們自己的小吃店只有50%的話,表示我們有比較差的成本管理,以及比較差的價格競爭力。

此外,毛利率也會反應該產業的風險報酬。同類型的公司,由於身處類似的產業條件,加上長期的市場價格競爭,個別公司的毛利率會穩定,而且會互相趨近。很多新興產業毛利率很高,例如,許多生物技術產業或是網路通路公司,毛利率可以高達60、70%,但許多傳統產業的毛利率卻不到20%,而台灣的電子代工業普遍不到5%,由此可見,不同產業有著差異極大的毛利率水準。

毛利率高,有時候只是該產業不成熟,整體產業有很高的風險,因而可以享有高毛利率的水準,等到產業未來成熟之後,毛利率也就降低了。也就是說,高毛利率不一定代表未來就是好公司、好產業。不過,低毛利

率卻有著致命的缺陷，毛利率太低，企業不容易應對景氣波動，只要產業稍微進入衰退與調整，或是遇到成本快速拉升的市場變化，企業很容易出現財務虧損。

　　只要能避開毛利率過低的產業，你自然已經先避開一大部分會因為營運風險而突然出現虧損的企業。所以我的選股第一指標，就是要抓近5年平均毛利率大於25%的公司。表示該公司是一個中長期都處於高競爭力的狀態，自然有潛力、是個好公司。

指標二：5年平均稅後淨利率大於10%

　　稅後淨利率，是一家企業扣除直接成本，再扣除間接成本以及稅務之後的利潤率，它同樣也是衡量企業經營能力的營運獲利指標之一。稅後淨利太低的公司，在營收突然下降或是成本大幅上升的時候，很容易產生虧損；稅後淨利率較高的公司，也比較有能力可以提供足夠的護城河，在景氣衰退的過程當中持盈保泰、預留實力，等到下一輪景氣復甦時，成為新贏家。

　　既然已經選了毛利率，為什麼還要選稅後淨利率
呢？這兩個財務指標感覺不是很類似的指標嗎？你也許
會問：「羅老師，這樣不是違反你前面說的指標要異質
性嗎？」如果你有這樣的想法，表示你真的很認真看這
本別冊，不過，請回過頭去複習正冊的第二章。由於
IFRSs以合併報表為基準，所以企業集團的營收與成本
會合併計算，但是也包含了非控制權益的營運數字在合
併報表當中，而最終的稅後淨利會分成兩個部分，一個
歸屬於母公司，一個歸屬於非控制權益。因此整份綜合
損益表，只有到稅後淨利才會把非控制權益扣除，才能
正確反應你持有股票所代表的母公司的真實獲利。

　　在稅後淨利設定篩選關卡，我們可以避開一些因為
合併許多子公司而產生高毛利，但是實際上最後淨利歸
屬於母公司卻很小的奇怪公司。因此，在稅後淨利率的
項目中，我會設定成平均5年稅後淨利率要大於10%。

指標三：5年平均EPS大於2.5元

EPS這個項目，相信專心從正冊看到別冊的讀者，一定非常明瞭這個關鍵的財務指標，EPS是剔除了非控制權益（少數股權）的稅後淨利，除以普通股股數的每股獲利。

跟毛利率與稅後淨利率一樣，EPS太低的公司通常都是低價股，而且通常是產業競爭力比較差的公司，同樣地，反應在股票的價值上，低EPS的公司其配股配息的能力很低，也很難獲得市場的青睞。儘管許多低EPS的公司會去玩弄EPS大跳躍的戲碼，股價表現也很讓人感到興奮，但是我不認為這是一般投資人能夠玩得起，又能在公司操弄數字之前領先進場的飢餓遊戲。

在2013年台灣開始導入IFRSs制度之後，最大的特色是公司的資產負債表為了反應公允價值的變動，會導致EPS的呈現結果變動更大。當然這的確讓公司有更多的空間可以「調整」EPS。但回過頭來，我們更應該

留意那些在導入IFRSs之後，公司的EPS仍然與過去趨
勢一致、同時保持穩定成長，又或是維持一定的獲利水
平，這樣穩健經營的公司則具有更高的透明度與財報品
質，讓外部股東能夠更加安心持有。

回到正題，一家長期具有競爭力的公司，它在EPS
的表現絕對不會起起伏伏又忽高忽低，那些EPS長期太
低或是賺賠不定的公司，在市場上就是投資人應該要避
開的標的。

雖然EPS不代表公司絕對的競爭力，但是沒有EPS
卻萬萬不能。所以，我會要求自己想要投資的公司至少
5年平均EPS大於2.5元，才具備「好股」的可能性。

指標四：5年平均ROE大於15%

股東權益報酬率（ROE）是美國股神巴菲特最愛
的首要財務指標。同樣都是拿稅後淨利當作分子，但
ROE與EPS不一樣的地方，在於它更廣泛地衡量整個

公司拿股東權益去創造了多少的獲利，ROE是代表一家公司總資產扣除負債後，剩下的價值所創造獲利的能力，也是企業運用資源的效率。

有一些公司發行股數較少，所以股本較小，因此表面上看起來EPS較高，但是ROE的數字卻很低，表示公司拿其他資源去創造獲利的能力很差，這樣的公司對股東來說很難有長期持有的吸引力。所以在EPS之後，加上ROE這個關卡，可以幫我們剔除那些股本小，但整體營運效率較差的公司。我的個人看法最好是5年平均能到15%以上，這樣的公司長期都有相當的競爭力。

根據多數的市場經驗，ROE越高的公司，股價通常也會越高，ROE長期維持在高檔，或是長期趨勢成長，這樣的公司都是投資人該留意的標的。

指標五：5年平均現金殖利率大於5%

對我們外部投資人來說，再高的營收、再夢幻的EPS、再亮麗的ROE，都遠不及現金股利對我們口袋所

產生的直接效果。現金股利是你在賣出股票之前,就會對報酬產生影響的事情,而且現金股利是公司真的要拿出白花花的鈔票來給股東,所以,沒有一定的經營實力與財務品質,是沒有辦法發放現金股利的。在我認為,現金股利就是公司與董事會給股東的誠意。

如果我們買了股票後就永遠不賣,我們的利益就剛好會是每年領取的現金股利的總和。根據投資學當中的「現金股利折現法」,把股東未來每年各期的現金股利折現為現值,得到的結果就是該股票所具備的價值。儘管股票每年的股息變動很大,但假設你能知道某公司未來每年的現金股利,你就能準確地估計一檔股票的價值。

近年很多人在喊「被動收入」跟「存股」,其最核心的意義就是累積夠多的股票數,拿現金股利來當作投資人的被動收入。雖然從股價扣除的觀點來看,領取現金股利好像是從市場賣掉股利之後拿到自己另一個口袋,而且還要被政府課所得稅,但是不可否認的,現金

股利的發放多寡，總是跟股票價格有高度的相關性。

　　不管公司再怎麼賺錢，沒有現金股利一切就免談了。因此，在選股的篩選條件中，至少要5年平均現金殖利率大於5%，我才會認為是一檔優質的好股票。

指標六：5年平均現金活水率大於0

　　當我們設定了高毛利率、高稅後淨利率、高EPS、高ROE以及高現金股利後，你以為從此以後就進入了太平世界嗎？很可惜，在我的經驗當中，看過太多EPS、ROE、現金股利年年上升，在市場追捧之下成為熱門股，最後卻爆出做假帳的醜聞，導致投資人血本無歸。

　　在經過一連串營運分析之後，更重要的照妖鏡就是現金流量表，如果一家公司能夠在「美化」損益表調假帳後，現金流量表還能毫無瑕疵，最後還變成地雷股害我投資失利，我也認栽了。

　　當我們抓出營運優勢的公司後，在公司獲利成長以

及穩建配發股利的同時，我希望見到一個最基本的現象，就是公司能夠拿賺到的錢來配發給股東。你或許會問：「財務報表上的獲利，難道賺到的不是真錢嗎？」是的，真錢只有一種，就是發得出現金的錢才是真錢。如果發不出來，或是根本是靠借錢舉債來發股利，這樣的公司我們只好跟它說：「謝謝，再連絡！」

有一個很好用的指標，我把它叫作「現金活水率」。就是拿每股自由現金流量去除以每股配發的現金股利，這個指標我認為至少要大於0，當然最好是大於1以上。

不過公司營運當中，有時候為了產業競爭，會舉債投資於廠房設備，這時候會使得短期現金流量表不好看，為了避免選股過於嚴格，所以我建議在選股軟體上設定大於0即可，最後再用人工分析公司的現金流量表現。如果設定現金活水率為1以上，表示公司長期都是用賺到的真錢來配發現金股利，這是很優質的投資標的。

重要比率

$$現金活水率 = \frac{每股自由現金流量}{每股現金股利}$$

　　以上6個指標，就是我選好股的設定標準，我詳細說明選股條件的原因與思考，希望讓讀者能夠知其然又能知其所以然，一方面可以給讀者做為參考使用，另一方面也希望讀者未來可以自己變化、詳加利用，成為自己未來在股海釣魚的工具。

第三章

會計師的好股名單

　　綜合前文所言，我以選股程式跑出來如表2-1的好股名單。我的選股條件其實很基本、也很簡單，沒有什麼特別的地方，還是希望讀者將來可以自己選股、自己做投資判斷，這將是我所能給你最大的幫助。

　　在這邊還要補充的是，因為各家選股系統程式撰寫方式不同，我都是用「5年平均」來看數字，更為嚴格的方式是採「逐年制」，也就是5年每一年都要達到設定標準，才會被選入名單之中。後者的缺點在於，因為景氣循環的關係，企業表現有時候難免差強人意，如果你選股時執意設定每年都要達到高標準，最後的結果就

表3-1 符合六大指標的好股名單

股票代號	股票名稱	2015/04/24收盤價	指標一 5年平均毛利率（%）	指標二 5年平均稅後淨利率（%）	指標三 5年平均EPS（元）	指標四 5年平均ROE（%）	指標五 5年平均現金股利（元）	指標五 5年平均殖利率（%）	指標六 5年平均現金活水率（%）
5278	尚凡	40.8	86.90	23.93	13.46	64.51	2.65	6.49	476
6231	系微	39.8	82.91	13.43	4.11	20.31	3.29	8.26	75
6195	詩肯	69.5	60.46	15.12	5.04	30.65	4.10	5.90	4
3356	奇偶	113	57.96	24.58	7.42	28.85	6.26	5.54	65
3563	牧德	54.4	57.94	25.86	3.98	23.91	2.84	5.21	71
9943	好樂迪	54.6	56.09	15.62	3.57	17.29	2.90	5.31	107
2107	厚生	32.4	53.81	43.29	3.78	18.72	2.16	6.67	180
3556	禾瑞亞	70.6	52.36	21.33	4.53	21.81	4.01	5.68	82
3030	德律	60.7	52.16	23.15	4.66	23.47	3.26	5.37	117
6224	聚鼎	69.3	47.42	24.63	4.82	23.01	3.98	5.74	79
6202	盛群	58.4	45.61	17.88	3.04	18.12	2.95	5.06	117
3454	晶睿	90.5	44.22	14.23	6.62	26.61	4.86	5.37	84
2904	匯僑	27.45	43.86	35.68	2.62	18.45	2.51	9.14	149
5471	松翰	46.8	42.24	15.58	3.50	17.82	3.36	7.18	104
3587	閎康	58.7	41.24	20.13	3.86	18.02	3.07	5.23	83
3131	弘塑	151	40.48	19.13	12.83	41.41	9.00	5.96	130
6128	上福	37.2	40.38	15.47	2.77	15.47	2.40	6.45	47
2458	義隆	50.8	39.86	14.92	2.66	16.27	2.55	5.01	81
3093	港建	40.45	39.68	11.30	3.64	15.69	2.96	7.32	67
3527	聚積	63.9	36.67	11.58	7.56	16.16	6.52	10.20	86
1733	五鼎	54.3	36.67	23.08	4.44	24.45	3.90	7.18	44
3416	融程電	61.5	35.70	14.58	4.01	16.78	3.30	5.37	79
8091	翔名	69.4	34.90	19.18	5.73	24.18	4.30	6.19	60
8081	致新	88.6	34.42	15.06	7.86	16.93	6.95	7.84	100

（續下頁）

| 表3-1 符合六大指標的好股名單 | | | | | | | | | | （續上頁） |

股票 代號	股票 名稱	2015/ 04/24 收盤價	指標一 5年平均 毛利率 （%）	指標二 5年平均 稅後淨利率 （%）	指標三 5年平均 EPS （元）	指標四 5年平均 ROE （%）	指標五 5年平均 現金股利 （元）	指標五 5年平均 殖利率 （%）	指標六 5年平均 現金活水率 （%）
8103	瀚荃	50.1	34.41	13.31	4.54	18.17	2.88	5.75	87
6210	慶生	63.4	33.06	16.21	4.65	27.17	3.50	5.52	125
2420	新巨	47.8	32.87	12.09	2.76	17.65	2.42	5.06	90
8050	廣積	65	32.11	10.28	3.53	16.03	3.37	5.18	20
3291	遠翔科	29.4	32.07	10.64	3.22	19.73	2.57	8.75	121
3022	威強電	55.7	31.09	19.36	3.95	19.63	2.96	5.32	76
1723	中碳	147	30.81	24.18	9.14	33.43	7.84	5.33	83
6271	同欣電	101.5	30.12	17.03	7.88	16.01	5.19	5.11	51
3390	旭軟	30.8	29.97	17.54	3.69	19.88	2.81	9.13	67
8210	勤誠	51	27.97	10.99	3.75	21.47	2.60	5.10	102
3689	湧德	71	26.67	10.71	6.87	26.53	3.81	5.37	32
8042	金山電	47.2	26.48	15.78	5.14	18.12	3.29	6.98	53
6203	海韻電	46	25.03	11.71	3.84	22.89	3.00	6.52	70

註：5年平均係計算99年、100年、101年、102年、103年之資料。

是選不到股票，選不到跟沒有選其實是一樣的意思。

　　不過你也別高興太早，各式各樣的選股工具選出來
的名單，其實都只是一份候選名單，我們還是必須要一
檔一檔地深入研究。就算不是深入研究，你也要粗略地
分析一下，至少搞懂人家是賣什麼產品，獲利的來源為

何，而不是一看到選股名單，就胡亂下單，最後投資失利，就怪自己運氣不好，那樣根本不算投資，而是跟玩六合彩沒有兩樣！

因為我的選股採用「5年平均」，所以符合條件的公司，你還是需要一檔一檔去檢視其財報數字的表現，是否因為一、兩年的高數字，稀釋了其他年期不好的表現，或是公司財務數字是好好壞壞這種不穩定的呈現。

另一種情況是，雖然公司財務數字是5年平均的優等生，但是已經出現連年下降的趨勢，這也是不理想的標的。

例如，經營交友網站愛情公寓的尚凡（5278），100年EPS為38.81元，至103年EPS只剩下1.09元，這種EPS溜滑梯一路往下的公司，我馬上就會從電腦選股名單中剔除。同樣地，看完了系微（6231）、晶睿（3454）與旭軟（3390）的EPS、股利政策趨勢（如圖3-1、圖3-2、圖3-3），對於趨勢向下的標的，一樣會先暫不考慮。

圖3-1 系微的 EPS、股利政策

股 利 政 策					近五年平均殖利率(%)		9.28	殖利率(%)	1.13
年月	2007	2008	2009	2010	2011	2012	2013	2014
EPS	1.47	3.84	6.85	6.54	9.45	3.3	0.73	0.55
現金股利	0.05	1.99	4.79	5.5	7.5	2.49	0.55	0.4
股票股利	0.4	0	0.96	0	0	0	0	0
合　計	0.46	1.99	5.75	5.5	7.5	2.49	0.55	0.4
股利發放率	3.40%	51.82%	69.93%	84.10%	79.37%	75.45%	75.34%	72.73%
扣抵稅額比率		4.36%	7.53%	4.18%	12.56%	21.72%	26.92%	27.00%

資料來源：CMoney理財寶「會計師教你用財報挑好股」

圖3-2 晶睿的EPS、股利政策

股 利 政 策					近五年平均殖利率(%)		6.12	殖利率(%)	4.70
年月	2007	2008	2009	2010	2011	2012	2013	2014
EPS	3.6	1.79	1.4	3.19	6.75	8.2	9.93	5.01
現金股利	2.44	1.2	0.96	2.38	5	6	6.9	4
股票股利	0.36	0.35	0.43	0.35	0.35	0.35	0.35	0.35
合　計	2.8	1.55	1.4	2.72	5.35	6.35	7.25	4.35
股利發放率	67.78%	67.04%	68.57%	74.61%	74.07%	73.17%	69.49%	79.84%
扣抵稅額比率		28.88%	28.90%	20.71%	13.72%	12.38%	12.74%	15.02%

資料來源：CMoney理財寶「會計師教你用財報挑好股」

圖3-3 旭軟的EPS、股利政策

股 利 政 策					近五年平均殖利率(%)		14.74	殖利率(%)	9.78
年月	2007	2008	2009	2010	2011	2012	2013	2014
EPS	1.55	1.03	2.21	2.46	4.33	5.15	3.91	2.62
現金股利	0.3	0.2	0.8	1.2	3.5	3.97	3.4	2
股票股利	1	0.6	0.8	1	0	0	0	0
合　計	1.3	0.8	1.6	2.2	3.5	3.97	3.4	2
股利發放率	19.35%	19.42%	36.20%	48.78%	80.83%	77.09%	86.96%	76.34%
扣抵稅額比率		8.15%	10.23%	11.30%	11.20%	11.68%	12.37%	18.51%

資料來源：CMoney理財寶「會計師教你用財報挑好股」

　　此外，像是湧德（3689）於104年上半年累計營收年增率為–16.74%，外資、投信持股比例於104年持續下降（如圖3-4），一樣可以很快做出目前不適合投資的決定。大家應該可以發現，利用財報的好股名單，加上投資人自己原本擅長的技術分析、籌碼分析或產業分析，會讓選股更有效率。

　　比較理想的公司，是每年在一定的區間波動，甚至是出現逐年向上的趨勢，這樣的公司就會是相當理想也值得持續追蹤的公司。

圖3-4 **湧德的籌碼結構變化**

籌碼結構 比例					股本： 7億	每股淨值：	40.53	
年月	201411	201412	201501	201502	201503	201504	201505	201506
董事持股比例（%）	8.30	8.30	8.30	8.17	8.08	7.15	7.15	8.20
監察人持股比例（%）	1.19	1.19	1.19	1.19	1.19	1.19	1.19	1.19
大股東持股比例（%）	0.00	0.00	0.00	0.00	0.00	0.00	0.00	0.00
外資持股比例（%）	29.41	28.14	21.31	21.14	19.94	18.30	16.21	14.37
投信持股比例（%）	3.39	2.27	1.64	1.56	1.40	0.96	0.62	0.36
自營商持股比例（%）	0.22	0.44	0.60	0.54	0.68	0.29	0.04	0.00
融資使用率（%）	15.65	21.03	26.17	26.53	31.23	31.73	30.53	30.00
融券使用率（%）	0.35	0.24	0.60	0.00	0.00	0.00	0.00	0.00

資料來源：CMoney理財寶「會計師教你用財報挑好股」

例如，聚鼎（6224）、盛群（6202）與慶生
（6210）的EPS、股利政策趨勢（如圖3-5、圖3-6、圖
3-7），才會是我們理想的進一步觀察名單。

圖3-5 **聚鼎的EPS、股利政策**

股利政策					近五年平均殖利率(%)	6.11	殖利率(%)	6.45
年月	2007	2008	2009	2010	2011	2012	2013	2014
EPS	3.07	2.29	2.81	4.68	4.74	4.94	4.72	5.01
現金股利	2.16	2.05	2.49	3.48	4	4.1	4.1	4.2
股票股利	0.25	0	0	0	0	0	0	0
合　計	2.41	2.05	2.49	3.48	4	4.1	4.1	4.2
股利發放率	70.36%	89.52%	88.61%	74.36%	84.39%	83.00%	86.86%	83.83%
扣抵稅額比率		26.24%	25.20%	17.59%	14.03%	14.26%	17.96%	18.85%

資料來源：CMoney理財寶「會計師教你用財報挑好股」

圖3-6 **盛群的EPS、股利政策**

股利政策					近五年平均殖利率(%)	6.02	殖利率(%)	7.14
年月	2007	2008	2009	2010	2011	2012	2013	2014
EPS	4.01	2.72	2.78	3.53	2.36	2.51	3.32	3.5
現金股利	3	2.41	2.5	3.16	2.3	2.5	3.3	3.5
股票股利	0.04	0.04	0	0	0	0	0	0
合　計	3.04	2.45	2.5	3.16	2.3	2.5	3.3	3.5
股利發放率	74.81%	88.60%	89.93%	89.52%	97.46%	99.60%	99.40%	100.00%
扣抵稅額比率		4.66%	2.80%	6.45%	6.40%	7.90%	9.40%	14.28%

資料來源：CMoney理財寶「會計師教你用財報挑好股」

圖3-7 慶生的EPS、股利政策

股 利 政 策					近五年平均殖利率(%)		6.86	殖利率(%)	7.84
年月	2007	2008	2009	2010	2011	2012	2013	2014
EPS		1.57	1.43	4.87	3.82	4.52	4.28	5.77
現金股利	0.45	0.7	1	4	3	3	3.5	4
股票股利	0	0	0	0	0	0	0	0
合　　計	0.45	0.7	1	4	3	3	3.5	4
股利發放率		44.59%	69.93%	82.14%	78.53%	66.37%	81.78%	69.32%
扣抵稅額比率		20.80%	34.17%	20.28%	18.91%	23.69%	27.34%	16.08%

資料來源：CMoney理財寶「會計師教你用財報挑好股」

　　接下來我在這37檔名單當中，挑選3檔公司跟讀者作介紹與分析，讓讀者了解選股後的一些基本判斷。

靠合併成長的翔名

　　翔名（8091）是一家老牌的半導體設備廠商，主要營收來自於半導體設備的銷售貢獻。這家公司沒什麼長期轉投資項目，財報透明度算高，過去股價長期在40元上下擺動，偶爾兩、三季半導體設備大幅擴充，出貨暢旺時，股價會反應營收成長而衝高到60元左右。

　　我們可以看表3-2，這家公司2014年之前每年毛

| 表3-2 | **翔名獲利概況** |

年度	104.Q1	103	102	101	100	99
毛利率	23.90	33.78	33.47	38.64	36.39	32.38
EPS	1.04	4.69	4.53	6.10	6.73	6.64
ROE	3.35	15.66	16.15	23.62	30.04	35.26
現金股利	—	4.01	3.97	5.13	2.97	5.37

利率都在30%以上，5年內的EPS落在4.5元到6.5元之間，ROE跟著EPS在15%到35%之間。這家公司的另一個特色是現金股利發放率很高，每年賺到的錢大多數都配發給普通股股東。

這樣的公司，幾乎都是經過多次產業循環的景氣循環股。這種不起眼的牛皮股票，因為公司獲利能力長期表現穩定，本質上就是營運業績成長，EPS就會對等成長，隔年度現金股利就會提高的股價連動的金錢遊戲。

不過，這家公司在2015年以股份轉換方式（1股換1股），增資發行新股920萬股取得寶虹科技920萬股，使其成為翔名100%持有之子公司，轉換基準日為104

年4月30日，因此在104年5月以後開始認列寶虹科技的營收。既然合併另一家公司，營收就是一加一等於二的簡單數學。

但是，營收增加不代表相對應的EPS會增加。首先，寶虹103年的毛利率較低、約25%，相對於原本翔名30%以上的毛利率，合併之後整體的毛利率會下降。再者，根據股東會資料，合併後股本由原先5.15億元，預計增至6.07億元，股本約膨脹18%。也就是說，稅後淨利的成長至少要超越18%，EPS才可以有過去的水準，否則反而會降低EPS。

所以，投資這家公司要特別注意的是第2季公布的數字，其整體毛利率下降的幅度，以及EPS影響的程度，如果EPS可以表現得比未合併之前理想，想必股價又會有一番表現。

這檔股票唯一可惜的地方，就是在第1季用選股程式選出來的時候，到本文撰寫修改時已經漲到了70幾元，相對價格風險已經提高不少。

　　只是，今年2015年第2季，台股上了萬點後高檔回落，許多在2014年財報算優良的公司，都已經出現3個月到6個月的營收下跌走勢，相對這家公司能夠維持成長，如果還能保持與過去差不多的EPS表現，價格下檔不但會有支撐，而且可能會變成今年市場中少數的逆勢成長股。

營運看俏的威強電

　　威強電（3022）是台灣第二大的工業電腦製造廠商，股本32.83億元，5年以來毛利率穩定向上，EPS與ROE都保持在一定的水準之內（見表3-3）。這種在產業界名列前茅的公司，只要業績穩定成長的時候，財報末端的EPS也會水漲船高，通常不會有讓人特別意外的驚喜。你或許會以為，威強電在連續幾個月營收成長之後，股價應該會有不錯的表現，但偏偏這家公司在2014年第1季時，爆出合併營收大減3成的重大會

表3-3 威強電獲利概況

年度	104.Q1	103	102	101	100	99
毛利率	31.65	31.76	32.05	33.56	29.08	28.99
EPS	1.02	4.51	3.62	3.44	6.07	3.90
ROE	4.54	20.78	16.93	16.71	24.94	18.69
現金股利	—	2.50	4.80	1.50	3.00	3.00

計修正，2013年合併營收從71.45億元（總額法）下調至48.9億元（淨額法），雖然修正後營業毛利、稅後淨利不變，但股價由2014年3月最高價68.4元，不到2個月，跌至42.1元才回穩，公司經營團隊的誠信備受質疑。

儘管威強電的轉投資威聯通（QNAP）近期表現不錯，對EPS也會有額外貢獻，不過由於是持股23%的權益法轉投資，是否能長期且穩定地帶來現金流，仍需要持續追蹤，我們可以先暫時把轉投資收益放在一邊。

威強電在2015年1到5月的營收表現整體有達到30%的年成長率，用相當保守的估計，全年若僅達到

10%的稅後淨利成長，EPS會接近5元，但是1到5月分股價卻壓縮在50到55元附近，與前一檔翔名相較之下，本益比都還在相對低檔的區間，因此，短期投資風險也相對較低。

可惜這家公司近兩年的現金流量表現較差，在102年與103年向銀行借了不少錢。今年營收再度成長，看得出來市場不敢共襄其盛，否則以一檔過去財務數字表現穩健，2015年又出現相當程度的營收成長，股價早就被炒到恨天高了。

對我們的財務學習來說，威強電是個可以持續注意與觀察的標的，公司經營團隊也應該不至於讓2014年的相同事件，再一次捲土重來。特別選這家公司出來當作例子，是為了要讓讀者光看到營運數字表現好，配息感覺也還不錯，更要注意現金流量表現、轉投資是否複雜以及公司的誠信度，在這邊還是呼籲投資人應該要更加審慎觀察。

小型工業電腦融程電

融程電（3416）也是一家工業電腦製造廠商，股本6.02億元，相對於威強電來說，公司規模就小得許多，但由於股本也小，因此在EPS的表現上與威強電相仿。但是這家公司的現金股利發放比較實在，現金股息發放率也比威強電高，算是對股東蠻有誠意的小型股。

這家公司毛利率一直都很穩定在35%上下，ROE也是在15%附近打轉（見表3-4），這種現金股息發放率高的小型公司，其產品線通常是專注於某些利基型產品，才可以達到這樣的經營成效。

表3-4 融程電獲利概況

年度	104.Q1	103	102	101	100	99
毛利率	35.74	35.80	35.17	35.34	35.39	36.79
EPS	0.86	4.12	4.60	3.34	3.76	5.13
ROE	3.05	15.53	18.20	13.67	15.46	20.74
現金股利	－	4	3	2.5	3	4

　　這家公司可以拿出來討論的地方在於，今年以來隨著大盤走弱，從65元跌回到55元，但是公司營收沒有出現大幅回落。這還是要回到系統面來觀察，2015年以來，多數的產業與上市櫃公司已經出現營收成長停滯，或是趨勢轉弱的衰退訊號，這家公司大致上還維持10%的營收成長動能，縱使今年獲利與去年持平，股價回落反而是開始思考介入的時機點。

　　我們先從電腦系統撈出37家獲利穩建的公司，一檔一檔地挑出3家比較有興趣的標的深入研究，成為口袋中的觀察名單，然後就在這3家裡面挑出自己可能的投資標的。威強電（3022）雖然獲利數字也不錯，又是產業排名前段班，但是由於現金流跟誠信較差，會成為我第一個剔除的投資對象。

　　另外兩家翔名（8091）與融程電（3416）的財務報表看起來讓我比較舒服，這兩家的股東權益品質佳，累積了資本公積，每年發了現金股利後還能保有未分配盈餘。兩家的負債比例也低，而且沒有項目複雜的「金融

負債」*。兩家列入合併報表的子公司都小於5家，算是透明度高且專注本業的公司。

再追蹤籌碼，融程電（3416）的董藍持股約27%，由於營收動能沒有大幅起飛，暫時看不出來法人進場的跡象。而翔名（8091）的董監持股也將近22%，本書撰寫之時5月到6月兩個月內投信法人已經介入買進，短線來說翔名就會成為我3家當中最有興趣投資的標的。只是翔名這家公司少部分營收來自於工程收入，財報上包含應收建造合約款、應付建造合約款這些與建造合約有關的會計項目，對於一般投資人要做深度分析會有一定的困難，所幸金額並不重大。

---

* 金融負債：投資人不用研究嚴謹複雜的會計學金融負債定義，投資上值得留意的「金融負債」指的是企業的短期借款、應付短期票券、長期借款、公司債。本業營運穩定的公司，尤其是成立時間10年以上的公司，如果獲利穩建財務體質良好，正常也不需要向銀行借錢籌措資金，因此金融負債比例低。

第四章
用財報選壞股

　　在本文撰寫之時，台股正逢衝上萬點的高檔回落之際，像我們這些經常觀察財報的人，在第2季財報即將公布之前，已經感受到許多產業營收成長動能減緩的現象。當然我們不能武斷地判定台股即將走入空頭，但至少我們從其他的總體面訊息，知道2015年5月台灣外銷訂單僅357.9億美元，年減5.9%，表現慘澹。而景氣燈號綜合分數3月為22分，到了4月降至16分，而最新的5月分數也僅小幅回升到黃藍燈的18分。

　　聽我這樣描述，或許有讀者會認為機不可失，是個作空放空的大好時機。如果你認為我也這樣想，你就大

錯特錯了。作空與作多其實是完全不同的思考，在資訊
公平的情況之下，股票的特質比較有利於多方，而不利
於空方，這是金融商品本質的問題，而不是多空喜好的
問題。

作多作空大不同

我們來看看宏達電（2498）於2011年4月29日創
下歷史天價1,300元以後，至今回落至72元（2015年6
月30日收盤價）。不論你用什麼籌碼面、技術面還是
基本面的方法，如果你真的先知先覺，在當時1,300元
放空了宏達電，你現在獲利超過95%，我想大家都會給
你一個讚。只是如果你同一天以每股932元買了大立光
（3008），放了4年到現在已經漲到3,660元逼近4,000
元，獲利高達292%。

　　95%跟292%，這樣的差距夠驚人吧？而且有一個更致命的問題是，融券期間只有6個月，可以展延一次最久到1年，還會遇上股東會跟除權息的強制回補，你就算能1,300元放空宏達電，4年下來你要回補幾次呢？回補以後你是否會繼續放空，還是被股價反彈停損出場呢？

　　所以，這一章我們講到選壞股，很多人會以為我是鼓勵投資人，在價格波動下跌時或是公司獲利減緩時，就進行放空策略，我認為那並不是一個明智之舉。由於放空最大利潤是100%，而且融券有時間與回補的限制，我們真正有利益的放空是要「快出事」、「跌得快」的股票，才會賺得快。事實上，我的經驗是，市場高手多到你無法想像。多數時候，當我遇到這種要出事的公司，市場上早已經「一券難求」，打電話到幾家證券公司，能借到幾張算幾張，最後也都只能當做「小賭怡情」、練練財務分析的小遊戲。

快要出事才是真壞股

　　一家虧錢的公司，長期營業活動現金未流入，而且自由現金流量還是負數，雖然不是爛公司，但也不見得會立即出事，公司在下市之前苟延殘喘撐個兩、三年也是常見的事情。

　　真正要出事的地雷股，就是要它產生「現金缺口」，就是一般俗稱的資金週轉不靈的狀況。資金週轉不靈的公司，也不見得會立即死掉，公司還是有自救的管道，要嘛就是辦理現金增資跟股東伸手要錢，要不然就是去發行公司債或是可轉換公司債，或找其他銀行來借新還舊。以上3個自救辦法，只要做不到，這樣的公司就會跟我們大家說掰掰。

　　坊間有許多選股系統有地雷指標，其實都還蠻不錯的，例如台灣經濟新報（TEJ）的TCRI信用風險指標，或是Edward Altman的Z-Score的財務預警分數；我自己最常使用的是CMoney改良的Z-Score。CMoney的

Z-Score分成9個等級，7級到9級的股票都是我的地雷
股候選名單。凡是7級以下的股票，請初學的投資人無
論如何都不要考慮放空。只是選出來的那些股票多數都
已經跌破淨值，變成了不如雞蛋水餃的低價股，不是已
經不能借券，就是價格沒有什麼下跌空間。

　　此外，我還有一個很常用的「現金缺口比率」觀察
指標，就是這家公司的現金、約當現金加上變現性高的
有價證券去除以一年之內到期的流動負債，這個比率低
於20%，或是一、兩季出現惡化，這樣的公司就很容易
變成地雷股。

重要比率

$$現金缺口比率 = \frac{現金＋有價證券}{一年之內到期的流動負債}$$

　　更嚴格的現金缺口比率，還可以修正分母如下：

重要比率

$$現金缺口比率 = \frac{現金 + 有價證券}{短期借款(含應付短期票券) + 一年內到期長期負債}$$

　　所以，CMoney的Z-Score在7級到9級，如果還有股價在10元以上的公司，而且現金缺口比率很低，那就是值得放到觀察名單的壞股票。

最後還是出事的勝華

　　勝華科技（2384）這家公司，投資人都知道這家公司的股票在103年11月19日已經暫停交易了，而且預計104年7月7日要下市。勝華在去年出事之前，其實在Z-Score已經是第8級的不良狀態。當時吸引我注意的地方就是它股價還在10元上下，第2季淨值還有12元，表示這家公司還有肉可以啃。

再來就是研究勝華的財務狀況。從103年第2季的財務狀況表可知，公司總負債高達517億元，而相關的現金與約當現金加上有價證券僅62.3億元（見表4-1）。接著看看我所謂的現金缺口比率，這要在合併報表附註當中的流動性風險項目，會直接揭露1年內到期的所有負債總計為440億元（見表4-2），這表示現金缺口比率為14%，遠低於20%的標準。這時候勝華已

表4-1 勝華103年Q2財務狀況簡表

單位：新台幣千元

會計項目	103年06月30日		會計項目	103年06月30日	
	金額	%		金額	%
流動資產			流動負債		
現金及約當現金	5,443,997	7	短期借款	19,054,643	25
備供出售金融資產－流動	379,024	1	應付票據、應付帳款、其他應付款	16,522,083	22
無活絡市場之債券投資－流動	260,803	—	一年內到期長期借款	9,840,794	13
非流動資產			非流動負債		
無活絡市場之債券投資－非流動	149,325	—	長期借款	5,679,083	8
現金＋有價證券	6,233,149	8	負債總額	51,732,866	68

表4-2 勝華103年Q2的流動性風險

非衍生金融負債	1年以內	1至2年	2年以上
103年6月30日			
無附息負債	$15,101,572	$ 478,522	$ 36,225
浮動利率工具	10,395,692	3,160,146	2,481,136
固定利率工具	18,499,745	46,353	1,749
	$43,997,009	$ 3,685,021	$ 2,519,110

經出現嚴重的資金缺口了,只要公司財務狀況再惡化下去,連銀行也不敢借錢給它了,這時候股價還在10元上下打轉,是一個絕佳的放空標的。

果不其然,勝華的財務數字到了第3季更加惡化,現金與約當現金加上有價證券只勝下41.5億元(見表4-3),一點都不勝華了。果然,103年第3季財報一出,1年內的非衍生金融負債417億元,現金缺口比率降到10%,馬上價格開始崩跌,公司發言人再怎麼澄清都沒有用。如果你有放空到這檔股票,當然就是很快速地獲利,而且你也不用擔心什麼時候要強制回補。

表4-3	勝華103年Q3財務狀況簡表

單位：新台幣千元

會計項目	103年09月30日		會計項目	103年09月30日	
	金額	%		金額	%
流動資產			流動負債		
現金及約當現金	3,696,640	6	短期借款	17,743,052	28
備供出售金融資產－流動	357,256	1	應付票據、應付帳款、其他應付款	21,073,869	33
無活絡市場之債券投資－流動	92,979	－	一年內到期長期借款	4,369,698	7
非流動資產			非流動負債		
無活絡市場之債券投資－非流動	6,084	－	長期借款	9,491,839	15
現金＋有價證券	4,152,959	7	負債總額	53,502,466	85

表4-4	勝華103年Q3的流動性風險

非衍生金融負債 103年9月30日	1年以內	1至2年	2年以上
無附息負債	$19,538,240	$ 437,481	$ 31,047
浮動利率工具	5,326,880	5,104,655	4,371,051
固定利率工具	16,790,929	16,133	-
	$41,656,049	$ 5,558,269	$ 4,402,098

　　另外讀者可能不是一開始就注意到，當勝華公布第2季財報之後，融券張數飆高到10萬餘張，之後根本就是一券難求，借券費高漲，比歌后江蕙的門票還難搶，你還以為市場裡面沒有高手嗎？那你真是太小看金融市場了！

第五章

財報分析在投資上的益處

我個人認為，基本面分析的精華在於它可以讓我們回到一致性的檢驗標準，用數字以及計算的邏輯方法，讓投資決策盡可能加入理性思考與量化比較的要素，幫助我們戰勝人性的弱點，這是對每一個投資人都或多或少能提供幫助的分析工具。

就像我們有時候出門去買東西，會先上網做功課，研究一下產品的優缺點，或是去看看一些網路上的分析評測，做為我們採購比較的基礎，這是很簡單的消費習慣。但如果你是玩家級的消費者，你不但對於每個不同公司的產品差別如數家珍，對於各種新產品的規格也瞭

如指掌。

　如果你是一個攝影玩家，你會特別注意數位相機的感光元件、對焦模組、機身材質。如果你是一個手機玩家，你就會注意手機的處理器核心數、時脈、記憶體容量、螢幕解析度、相機感光元件尺寸。如果你是一個汽車玩家，你會去看引擎汽缸數、變速系統、主動防護，乃至於車身大小，都會是你注意的地方。如果你是一個專業的房地產投資客，你會去觀察房子的地段、機能、格局、座向、施工品質、管委會運作等等細節。你買東西為了精打細算，就一定會花時間研究產品不同層面相關的訊息，並且做出最適合自己的決策。

　以上講到的東西，全部都是商品的規格。由於有了規格，我們有了比較的基礎，如果同樣品牌同等級手機，準備要推出新一代1080p螢幕的產品，如果他們過去720p螢幕的手機定價9,000元，機皇等級2K螢幕手機要賣24,000元，我們可以猜測那款新手機上市定價應該是16,500元附近的水準。儘管股票市場中有許多的公

司特性無法被量化，也無法被規格化，但在一般的消費
採購同樣會遇到相同的困擾。透過「規格」形成的消費
決策思考方式，大致上類似於我們在財報數字上的分析
過程。也就是說，股票的財報數字是每一檔股票的「規
格」，如果你想要成為玩家級的投資人，你必須要深入
了解「股票的規格」，而股票的規格則是我們比較不同
股票之間的股價差異最重要的基礎。

基本面比你想得還有用

很多人都說基本面是一種股市「後照鏡」，因為財
報數字公布當時，已經落後股價1到3個月之久，使得
財報數字成為落後指標，在不具有時效性的特性之下，
反而讓許多剛入門的新手找到不願意去學習財報知識的
藉口。但是投資很多時候不必領先，而是需要了解事實
與現況，公開觀測站的財報數字雖然落後，但是跟你一
樣的外部投資人更多，你只要能贏那些不看財報的投資

人就夠了！

　　實際上，開車不能沒有後照鏡，專業賽車手也相當依賴後照鏡，後照鏡雖然不能為我們指引前方的道路，讓賽車手只看後照鏡就能在跑道上風馳電掣，但是它對於駕駛人變換車道以及了解周遭路況，還是提供了相當強大而且便捷的協助。財報數字也具有這樣的特性，它可以用來比較不同公司之間，市場用價格給與評價的優劣程度，更可以做為檢驗經營者誠信度的標準尺。

　　就像巴菲特與葛拉漢都說過的話：「投資就應該像買車子一樣，要先踢踢輪胎，再打開引擎蓋，看看內部狀況，這個方法看似愚蠢，但卻是投資的精髓。」在我來看，如果投資人連財報數字都不願意花時間了解，就跟當凱子盲目消費是一樣的行徑，這樣到最後還會賺錢，實在讓人感到驚訝。

　　從前面講述的幾個例子與分析，其實股價終究還是會貼著基本面走，也象徵著台灣股票市場越來越成熟的現象。但這同時表示，投資人在股票市場要賺錢的難度

越來越高，你如果不具有足夠的專業能力，很難在市場中長期生存。

開啟財務分析的正確思考

無論如何，股票價格反映著未來獲利的預期，只是所謂的獲利是財務表面上的獲利，還是真正放得進口袋的獲利。財務分析與基本面說起來很簡單，終究是要探尋公司賺的錢是真鈔還是虛鈔。

一般投資人當然需要關心公司的獲利指標情況，所以我們要去檢視毛利率、稅後淨利率以及EPS的變化，但是我們還要更進一步去檢視獲利來源，以及是否只是帳上財富，所以我們要去分析來自營運活動的現金流以及自由現金流量，當然我們更關心現金股息的配發是來自於盈餘，還是只是靠銀行借款、公司債或是現金增資，所以我們要去檢視「現金活水率」。當我們研究了這些，還要仔細觀察公司經營團隊長期表現，檢視公司

轉投資是否過於複雜……

　　所謂基本面的分析，就是這樣一步一步、挑三揀四地選到自己願意投資的標的。一本別冊能講的有限，基本面的故事卻無窮無盡。希望本書與別冊能夠開啟你財務分析與基本面的正確思考，當你建立了正確的財務分析邏輯，縱使不能趨吉，也一定能夠避凶。在投資市場上，祝福你能夠徜徉遠行，終究達成自己的財務目標！

新商業周刊叢書 BW0526X

圖解新制財報選好股《暢銷增訂版》
（附：《會計師選股6大指標及37檔口袋名單》別冊）

作　　　　者／	羅澤鈺
文 字 整 理／	黃紹博
企 劃 選 書／	陳美靜
責 任 編 輯／	簡翊茹
版　　　　權／	黃淑敏、翁靜如
行 銷 業 務／	莊英傑、張倚禎、石一志

總 　 編 　 輯／	陳美靜
總 　 經 　 理／	彭之琬
事業群總經理／	黃淑貞
發 　 行 　 人／	何飛鵬
法 律 顧 問／	台英國際商務法律事務所　羅明通律師
出　　　　版／	商周出版
	臺北市104民生東路二段141號9樓
	電話：(02)2500-7008　傳真：(02)2500-7759
	E-mail：bwp.service @ cite.com.tw
發 　 　 行／	英屬蓋曼群島商家庭傳媒股份有限公司　城邦分公司
	臺北市104民生東路二段141號2樓
	讀者服務專線：0800-020-299　24小時傳真服務：(02)2517-0999
	讀者服務信箱E-mail：cs@cite.com.tw
	劃撥帳號：19833503　戶名：英屬蓋曼群島商家庭傳媒股份有限公司城邦分公司
訂 購 服 務／	書虫股份有限公司客服專線：(02)2500-7718；2500-7719
	服務時間：週一至週五上午09:30-12:00；下午13:30-17:00
	24小時傳真專線：(02)2500-1990；2500-1991
	劃撥帳號：19863813　戶名：書虫股份有限公司
	E-mail：service@readingclub.com.tw
香 港 發 行 所／	城邦（香港）出版集團有限公司
	香港灣仔駱克道193號東超商業中心1樓
	E-mail:hkcite@biznetvigator.com
	電話：(852) 2508-6231　傳真：(852) 2578-9337
馬 新 發 行 所／	城邦（馬新）出版集團
	Cite (M) Sdn. Bhd. (45837ZU)
	41, Jalan Radin Anum, Bandar Baru Sri Petaling, 57000 Kuala Lumpur, Malaysia.
	電話：(603) 9057-8822　傳真：(603) 9057-6622　E-mail：cite@cite.com.my

內 頁 排 版／	李秀菊　封面設計／查理王子工作室
印　　　　刷／	鴻霖印刷傳媒股份有限公司
總 　 經 　 銷／	聯合發行股份有限公司　地址：新北市231新店區寶橋路235巷6弄6號2樓
	電話：(02) 2917-8022　傳真：(02) 2911-0053

■ 2015年08月04日修訂初版1刷
■ 2019年08月30日修訂初版6刷

Printed in Taiwan

城邦讀書花園
www.cite.com.tw